小而美的庭院
自然风庭院

［日］天野麻理绘　著

李莹萌　译

江苏凤凰美术出版社

前　言

　　庭院是一个既可从远方眺望欣赏，又可身处其中舒缓身心的绿洲。当然，庭院的日常维护也是不可缺少的，虽然麻烦，但这也是我们打造庭院的一种乐趣。每天都亲自收拾院子，在院子变美时我们也会变得非常喜悦。

　　但是，庭院作为我们生活的一部分，我希望它可以是一个不需要花费过多功夫收拾，就可以让我们享受到乐趣的地方。

　　以多年的种植、维护经验为基础，我在这本书中总结了不会给人和花草带来负担的庭院打造秘诀。

　　如果可以不费太大功夫就能打造四季优美的庭院，那该多好啊！不同地方的天气和环境各不相同，希望本书能对喜欢修整庭院的读者有所帮助。

目录
contents

第四章　增加实用性和趣味性，
彰显小庭院的魅力

第五章　四季鲜花满满
反复开花的小庭院

* 关于种植栽培的时间，主要是以日本关西地区为基准进行记录的。
* 对于书中没有标明特定品种名称的植物，选用喜欢的品种即可。

第一章

可以轻松管理的
优美庭院打造计划

打造庭院前先构思好"理想庭院"

　　开始打造庭院之前，要先想好你打算做一个什么样的庭院。例如，"想要在庭院种自己喜欢的花""想要在院子享受喝茶的时光"等等。在落实自己的想法时，要和家人多沟通。另外，也要考虑和邻居的关系、地区的规定，以及景观的协调性等。

　　根据目的、环境和设计的不同，庭院除了西式与日式风格外，还有各种各样的类型。因为庭院的大小不同，打造起来的难易程度也不同。有"想要做出这种庭院"的憧憬是非常重要的。因为有了奋斗的目标，即便是重复进行相同的工作也会坚持下去。

你的理想庭院是哪种类型？

蔷薇庭院

可以享受到种植花草的乐趣。蔓蔷薇缠绕在墙和拱门等地方，很有立体感，仅仅通过一根蔓蔷薇就可以和周围的景色相连接，营造出绚丽的氛围。

在水边的庭院

有水景的庭院，会让人莫名感到安心。即便不造出水池，只是在庭院的角落里放置一个水钵，也可以轻松欣赏到睡莲和荷花等植物。

容器庭院

将各种各样的容器和吊篮以不同高度搭配起来使用，制造出错落有致，即使很小也很有意趣。另外，还可以轻松地移动容器，从而改变庭院给人的印象。

乡村风庭院

在以英国乡村庭院为参考打造的庭院里，将植株高度各不相同的宿根类花草组合搭配起来，可以让人感受到大自然带来的美好。初夏时，与蔷薇搭配在一起的花花草草构成的美景值得一观。

门前小庭院

连接屋门和院门的通道，那里经常会人来人往，是一个引人注目的地方。虽然这里是一个很小的地方，但是如果在这里设置一个花坛，交替种植当季的花草，这样庭院整体都会给人一种花草常开不败的感觉。

遮阴庭院

在庭院里可以享受到以叶类植物为主角的遮阴庭院带来的乐趣。活用叶类植物的特性，将各种颜色和大小不同的叶子搭配起来，可以营造出只有阴凉处才有的宁静氛围。

有草坪的庭院

草坪可以衬托其他的花草，创造出绿色的开放空间。不过必须要很勤快地进行维护才可以维持草坪的美丽。

打造庭院要从了解庭院的环境开始。虽说可以种植自己喜欢的植物，但是如果将植物种在了不适合它生长的地方，就会出现生长不良、容易被病害虫侵害等问题，从而不能茁壮生长。仔细了解庭院的环境，选择合适的植物，这样之后的管理工作也会变得轻松。在掌握庭院环境方面需要注意"气候条件""光照条件""土壤条件"等。

气候条件

不同的地方，气候有很大差异。不仅是气温，光照和降水量也不同。宿根类花草，由于气温的不同，其中有能够度过冬季的，也有不能度过夏季而被当作一年生的多年生草本植物。

另外，在积雪量多的地区，因为雪堆积起来将植物盖住了，所以树枝和叶子不会受到伤害，这样冬天的时候地面上枯死的部分很容易管理；在没有雪的地方，如果引入很多冬天枝叶也十分茂盛的植物，就可以享受到冬天的庭院美景了。

下雪之后庭院银装素裹。

要点

根据光照时间划分庭院的区域

向阳处	一天中半天以上，直射阳光可以照到的地方
短日照处	1天有2~3个小时直射阳光可以照到的地方
背阴处	直射阳光几乎照不到的地方

光照条件

光照是植物生长过程中不可缺少的条件。由于庭院光照时间和光照强度的不同，可以种植的植物种类也各有不同。在住宅周围的庭院中，因有建筑物、院墙、树木等而形成了很多少光照的空间。

对于不同的场所，要在不同的时间和季节去观察太阳是如何照射的。东面在上午的时候是柔和的光照，西面在傍晚的时候是强烈的西晒，因为方位的不同，光照的时间段和光照的强度都在变化。在太阳高度最高的夏季，即便是在北面，有些地方也可以受到一段时间的光照。而季节不同，光照的时间也会有变化。当落叶树的叶子都落了的时候，有些空间也会因没有了遮挡而变成向阳的地方。

土壤条件

为了让植物茁壮成长，或开出漂亮的花朵，必须要有可以让植物深深扎根的土壤。理想的土壤是松软的，而且这样的土壤排水性、保湿性、通气性都很好。排水性、通气性好的土壤，向深 40 cm 左右的洞穴里灌水的时候，可以自然地将水排掉。如果出现积水的话，土很有可能是黏性土壤，或者里面埋有建筑废材等，需将里面的这些杂质剔除出去，再加入一些腐叶土改善土质。把土高高堆起来，将种植的地方做成高高的种植床（高腰花坛），通过这种方法能够改善土壤的排水情况。

另外，土壤的"酸度"也是很重要的。土壤的酸碱度用市面上销售的土壤酸度计测量即可。大多数植物在弱酸性（pH5.5~6.5）的土壤环境中更容易生长。在雨水较多的日本，土壤经常是偏酸性（pH5.0~5.5）的，可以每年加入一次石灰来调整土壤的酸度。如果土壤呈碱性的话，可以加入泥炭苔[①]（酸性的土壤改良材料）来调整。

用铁锹一边加入堆肥一边充分地翻耕土地。

庭院中花草最茂盛的时候。

打造庭院的三个检查要点

☐ **选择能适应庭院气候的植物（耐寒性、耐热性）**
☐ **选择适应庭院光照条件的植物**
☐ **培制适合植物生长的土壤**

对人和环境很友好的园艺

打造庭院是因自己的兴趣开始的。最近，人们对于那些对人和环境友好的园艺越来越感兴趣。
具体如下：

1 为了遮挡夏天的阳光，种植可以制造阴凉的树木。

2 在窗边种植藤蔓植物，形成绿色的"窗帘"，可以避免日光直射。

3 安装雨水收集箱，收集起来的雨水可用于灌溉植物。

4 不依靠化肥和农药，利用土壤和自然条件培育植物。

5 将有共生关系的"伴生植物"搭配起来进行种植（例如：番茄和罗勒）的话，能预防病虫害，
还能促进结果。

---

① 泥炭苔是由 160 余种苔藓植物组成，分布在热带至副极地地区，泥炭苔死亡后经过压缩能形成有机物泥炭。园丁将泥炭与土壤混合以增加土壤的湿度、孔隙度和酸度，并减少腐蚀。

以环境和生活方式为基础，**合理规划庭院**

▌庭院规划前对周围环境的检查要点

　　庭院规划前要检查家和土地的周围环境。随意地眺望一下，会意外发现可以用于种植的地方还是挺多的。在种植空间有限的情况下，对想种的植物进行筛选，有助于打造出一个具有整体感的美丽庭院。如果贪心种植太多的话，就会失去庭院的整体感，容易给人一种散漫的印象。将庭院分区来考虑的话，更容易打造。

□墙角处的短日照角落

在房子和院墙之间短日照的狭小空间里，留出足够的过道空间后，可以种植喜阴的小型宿根类花草。如果选用的是彩色叶子的新品种，那么在很长一段时间内都可以欣赏到美景。

▶ 种植喜欢短日照的花草（参考 82 ~ 83 页）

□地基周围

藤蔓植物爬到栅栏以及围墙上面，更具观赏性。另外，如果栅栏和围墙低一些的话，会利于通风，庭院看起来也会显得更宽阔。

▶ 让蔓蔷薇爬藤 （参考 34 ~ 36 页）
▶ 装饰背阴处和短日照处 （参考 78 ~ 83 页）

□**房屋的墙面**

让藤蔓植物爬到房屋的墙面以及柱子等上面，这样就可以欣赏到建筑物和植物融为一体的景致了。整体的景致也变得更立体，庭院的景色也随之变化。

▶ 让蔓蔷薇爬藤
（参考 34 ~ 36 页）

□**利用小的种植空间**

在容易看到的地方制作一些小花坛的话，会给人一种华丽的印象。配合家的外观和地基进行设计，可以是各种各样的形状。

▶ 燧石的小碎石花坛
（参考 92 页）

□**通道的周围**

从门口到玄关大门这一段通道构成的空间，既是走向建筑物的动线，也是这个庭院的门面。考虑到建筑物和庭院之间的联系，要合理安排这部分空间。

▶ 种植小球根类植物 （参考 68 ~ 73 页）
▶ 种植地被植物 （参考 84 ~ 87 页）

打造出未来可以轻松管理的庭院

如何打造出可轻松管理的庭院

为了维护庭院的美景，必须要进行浇水、除草，以及落叶的清扫等日常管理。如果被催促着说"要是没有那个不行""没有这个也不行"的话，本应该令人享受的庭院打造过程就变质了。为了能够对此长期保持兴趣，在后期管理中要尽可能地节省时间和精力，打造出不需要花费功夫管理的"零维护庭院"吧。为了可以在庭院中悠闲地侍弄自己喜欢的植物，抓住下列要点，开始理想的庭院生活吧。

□打造成高腰花坛（高高的种植床）

高高的种植床是用砖块和石材等砌成的高腰花坛。高腰花坛的光照、排水、通风都得到了很好的改善，所以也利于种植易烂根的植物。

▶ 高高的种植床 （参考 91 页）

□选择强壮的植物

本地品种的花草对本地土质更适应，因此也能够更好地生长。在庭院种植新品种的植物时，要仔细确认之后再种植。

□选择花期较长的一年生草本类植物

种植一年生草本类植物的时候，要选择花期较长的品种。在 6 月份和 9 月份施肥的话，就可以从夏天到秋天都能欣赏到美丽的庭院。

▶ 让植物反复开花的方法 （参考第五章）

□减少庭院中裸露泥土的面积

减少庭院中裸露泥土的面积，让庭院内尽量不长杂草。通过种植地被植物，铺设枕木、铺路石和沙砾等，减轻地面的维护负担。

▶ 种植地被植物 （参考 84 ~ 87 页）
▶ 铺设踏脚石 （参考 96 页）

□选择种植生长缓慢的树木和小型树木

按照自然树形来看，生长快速的树木维护起来很麻烦，因此尽可能不要种植生长过快的树木。

▶ 种植生长缓慢的树木和小型的树木　（参考 20 页）

▶ 修剪树枝让其不要过大　（参考 23 页）

□通过种植宿根类花草来减少移植

若想打造出省时省力的庭院，建议种植每年都开花的宿根类花草。

▶ 种植宿根类花草　（参考 58 ~ 61 页）

▶ 种植可以一直生长的小球根类植物　（参考 68 ~ 72 页）

□将盆栽和混栽搭配使用

盆栽和容器内的混栽会让植物的移动和移栽变得更简单。如果将其很好地和地上种植的植物搭配起来的话，就可以减少在管理上花费的功夫，轻松打造出漂亮的庭院。

▶ 季节性花草的混栽

　（参考 100 ~ 103 页）

□减少浇水的负担

虽说浇水是庭院管理中的基本工作，但这是一个相当花费功夫的工作。正确的浇水方法，可省去不必要的浪费。另外，如果安装了自动浇水装置的话那么就更方便了。

▶ 通过正确的浇水方法，让植物的抗旱性增强　（参考 114 页）

配合庭院形象
享受调色的乐趣

　　颜色是塑造庭院形象的要素之一。即使是同样的植物，花色不一样的话，给人的印象也会有很大不同。

　　决定好种植花草的位置之后，首先要想清楚做什么样的花坛，然后将心目中的理想花坛用"清爽""可爱"等形容词来描述，再选择和这些词语相符合的颜色。将该颜色作为庭院的主题颜色，这样一来庭院才会有统一的色调，才会形成具有整体感的美景。

　　在表明颜色关系的色谱圈当中，相邻的"同色系"是容易融合的配色，"对比色"是相互衬托的配色。白色是不包含在色谱圈里的"万能色"，给人一种明亮的印象。如果在主题颜色中加入少许对比色的话，那么会起到强调作用，可以突出主题色的效果。

　　为了让庭院花开不断，可种植花期较长的花草，以及银叶、铜叶、有斑点的彩色叶子植物等，这样便能享受调整庭院植物颜色的乐趣。

色谱圈

● 黄色系的庭院
黄色和橙色的分层会给人明亮温暖的印象。

● 青色系的庭院
让人感受到清凉，给人安静文雅的感觉。

● 粉色系的庭院
淡淡的中间色，给人以可爱女性的感觉。

● 白色系的庭院
每个人都憧憬过的，开满白色花朵的庭院，十分清秀。

第二章

被称为庭院的骨架，
给人立体感的
庭院树木的种植方法

让庭院精致而丰富的**象征树**

　　"因为庭院很狭小，所以不能种植高的树木。"大概大家都会这样想吧。如果种植枝叶茂密的庭院树木，会显得庭院狭小，所以我们选择生长缓慢的、枝叶不横向生长的小型树木。作为庭院象征而存在的大树即使只有一棵也可作为庭院的骨架，让庭院的景致变得更丰富。

　　象征树在一定程度上必须要大一些，但并没有规定一定要选择哪种树木。赏花、观察树貌，还有叶子的颜色、形状、质感，以及果实等，我们可以从各种方面去欣赏象征树。

适合小庭院的象征树

　　选择象征树的时候，不仅要考虑到它是庭院景色的一部分，也要考虑到象征树和建筑物以及邻居等周边景观的协调性。常见绿化树种大致可分为落叶树、常绿阔叶树、常绿针叶树三类。

选择象征树的要点

□**适合家和庭院氛围**
□**即使只有一棵也要具有观赏性**
□**树貌打理起来容易，自然树形漂亮**
□**可以欣赏到漂亮的叶子和花朵**
□**生长缓慢，维护不花费功夫**

新种植的植物
紫叶点腺过路黄、龙面花、柳穿鱼"ripple stone"、松虫草、生花菱草、黑叶老鹳草、马鞭草"青柠绿"和蜡菊。

落叶树
从秋天到冬天会落叶的树木
▶ 夏季可以制造树荫，冬季落叶之后，树下能够得到光照。

常绿阔叶树
一年四季均长有绿色扁平叶子的树木
▶ 活用这些绿色，将其作为绿色的围墙和栅栏。

常绿针叶树
一年四季均长有绿色细长叶子的树木
▶ 选择生长缓慢的树木，这样可以增强其适用性。

不会横向生长的大花四照花"白色恋人"。

种植象征树的位置

即便是很小的庭院，如果分配好庭院树木的位置，那么也会让庭院看起来比实际更宽阔一些。在考虑树木的种植位置时，我们很容易只看庭院的空间大小就决定，而从经常待着的房间里望向庭院时看到的景色对于决定象征树位置来说也是很重要的，所以也要将这一点考虑进去。

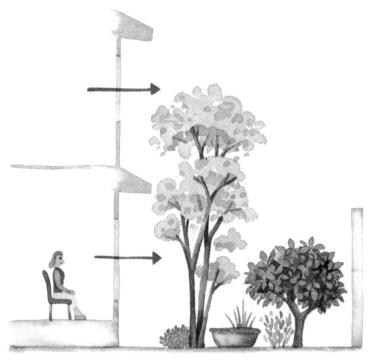

从房间望向庭院的时候，如果眼前有围墙和栅栏之类的话，会让人有压迫感。在这种情况下，要在靠近房屋的地方种较大的树木，然后再种较低的树木，这样就会产生远近感。

如左图所示，如果种植分枝的杂木类树木的话，会出现树木的重叠，给人一种树木一直在往里生长的幽深感觉，可以欣赏到杂木林一样的景色。如果种植加拿大唐棣、四照花和小娑罗树等落叶树的话，夏季可以制造出树荫，冬季又可以让温暖的阳光照进房间。另外，如果种植冬青等常绿树的话，可以遮挡外面的视线。树木继续生长的话，二层窗户外面的景色也会变得很漂亮。

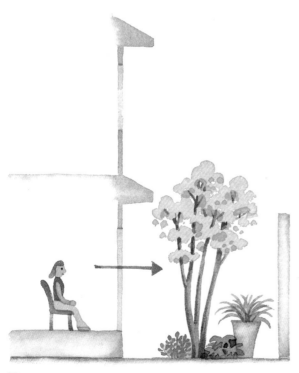

庭院空间不大的情况下

在房屋和围墙之间的空间不大的情况下，在庭院树木的后面放上盆栽可以营造出树林的感觉。而且，如果在庭院树木的下面种上像铁筷子这样的喜阴植物的话，庭院会显得更有魅力。

将庭院的树木修剪得小一些

　　为了保持狭小庭院中树木整体的均衡，需要进行抑制生长的修剪。经常修剪那些生长较快以及杂乱的树枝，通过减少树叶的数量，可以让树木生长变缓。这时，不再强剪枝（将枝叶从根部剪掉），而是将小的枝叶留下让树木维持较为自然的树貌。留下小的枝叶，生长点（根、茎顶端生长快速的部分）分散开来，徒长枝不会疯长，就可以控制其生长速度。

修剪时间

落叶树 12 月至次年 2 月。
常绿树 5—6 月，以及 9—10 月。
开花树木花期结束的时候。

无用枝的种类

◎ **一般情况下需要修剪掉的树枝。**
○ **考虑到整体的平衡性需要修剪的树枝。**
△ **考虑到今后的树形，留下的树枝。**

部分植物长势杂乱，需要进行抑制生长的修剪。

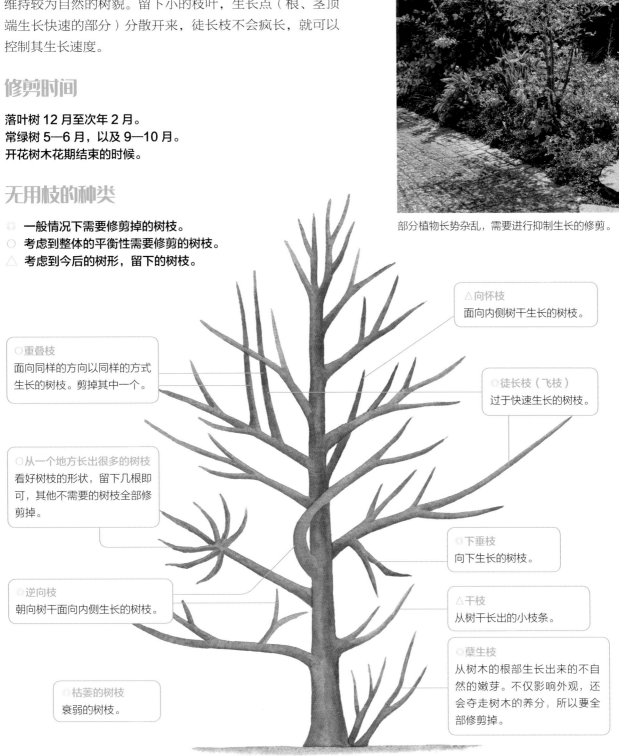

△向怀枝
面向内侧树干生长的树枝。

○重叠枝
面向同样的方向以同样的方式生长的树枝。剪掉其中一个。

◎徒长枝（飞枝）
过于快速生长的树枝。

○从一个地方长出很多的树枝
看好树枝的形状，留下几根即可，其他不需要的树枝全部修剪掉。

◎下垂枝
向下生长的树枝。

◎逆向枝
朝向树干面向内侧生长的树枝。

△干枝
从树干长出的小枝条。

◎孽生枝
从树木的根部生长出来的不自然的嫩芽。不仅影响外观，还会夺走树木的养分，所以要全部修剪掉。

◎枯萎的树枝
衰弱的树枝。

四照花"灿烂四瓣花"

山茱萸科四照花属（山茱萸属） 落叶乔木

花期：5—6月　　**树高**：3~5 m　　**水分**：适当湿润
结果期：9—11月　　**光照**：阳光充足
特征：每年春天和秋天开两次花。不易患白粉病，培育简单。春季开花之后结的果实很大，可以食用。秋天时，全红的叶子也很漂亮。

黄栌"皇家紫"

漆树科黄栌属　落叶乔木

花期：5—6月　　**光照**：阳光充足
树高：2~5 m　　**水分**：稍微干燥
特征：叶子呈现深红色，美丽动人，有极强的存在感。越是光照充足的地方，叶子的颜色越美。看起来像烟雾一样的花穗很难发育结果。抗干旱，不适应湿润的环境，所以需要种植在排水好的地方。

大花四照花"白色恋人"

山茱萸科四照花属　落叶乔木

花期：4—5月　　**光照**：阳光充足
树高：3~5 m　　**水分**：适当湿润
特征：与一般品种相比，树形更容易打理，是纤细的直立型树干，所以在空间狭小的地方也可种植。花朵是纯白色的心形花。该树怕热，所以尤其要注意夏季高温期的养护。

加拿大唐棣

蔷薇科唐棣属　落叶乔木

花期：4月　　**树高**：3~5 m　　**水分**：适当湿润
结果期：6月　　**光照**：阳光充足
特征：春天的花朵、初夏的果实和秋天的红叶，一年内该树有三个值得观赏的时候。图片中是春天开出白色小花的时候，初夏会结出果实，秋季叶片会变红。树枝很细，树形也很美。不太需要花费功夫打理。

垂丝卫矛

卫矛科卫矛属　落叶灌木

花期：5—6月　　树高：2~4 m　　水分：适当湿润
结果期：9—10月　光照：阳光充足
特征：该植物的花柄上悬挂着花和果实。初夏花开之后结出果实，一到秋天果实裂开，可以看到里面红彤彤的种子，十分漂亮。想要欣赏其自然的树形，只需要修剪不必要的树枝即可。

冬青

冬青科冬青属　常绿乔木

花期：5—6月　　树高：2~4 m　　水分：偏湿润
结果期：10—11月　光照：阳光充足或短日照
特征：因为其在冬季依然青翠而得名。是常绿树中少有的小叶子树木，树形轻盈，很有自然的氛围。深绿色的叶子像波浪一般，雌雄不同花，只有雌花会在秋天结出红色的果实。喜欢稍微偏湿润的地方。

木犀榄（切风龙①）

木犀科木犀榄属　常绿乔木

花期：6月　　　树高：2~5 m　　水分：适当湿润
结果期：10—11月　光照：阳光充足
特征：银色的叶子十分漂亮，营造出一种明亮的西式氛围。树形直立，树干粗壮呈圆筒状，紧凑地生长在一起，而且因其生长缓慢所以很容易管理。抗寒抗风性强。

黑涩石楠（野樱莓）

蔷薇科涩石楠属　落叶灌木

花期：5月　　　树高：2~3 m　　水分：适当湿润
结果期：9—10月　光照：阳光充足或短日照
特征：具有抗寒抗热性，喜欢排水好的地方。初夏盛开白色小花，秋天会结出黑紫色的果实，可以食用。秋天也可以欣赏到红叶。它在自然状态下枝叶不会长得很大。

---

① 又叫截风龙，原产于意大利托斯卡纳大区，油用品种。

连接乔木和花草的 灌木

　　因为一些灌木的花朵和叶子很美，因此近年来，以灌木好看的果实和枝叶作为装扮庭院的素材也逐渐受到关注。种植了象征树（乔木）之后，可以在其周围试着种上些灌木。灌木可以起到连接乔木和低矮花草的作用。如果在花坛里也增加一些灌木的话，会带来一般花草很难制造出的茂盛感和立体感。

　　在小庭院中可以主要种植灌木，也可以将其当作灌木篱笆来使用。根据场所的不同采用不同的种植方式，会更加突出庭院的魅力。因为灌木品种十分丰富，树木的种类不同，树形和生长速度等也各不相同，所以要好好了解树木的习性之后再进行选择，这一点很重要。

▌灌木是什么？

　　灌木是指那些没有明显主干、呈丛生状、比较矮小的树木。叶子颜色很美的树木，可以作为园艺彩色叶子的素材，和花草一样可从园艺商店轻松购入树木的幼苗。常绿树木，可以作为庭院的绿色骨架，只要种一次就可以欣赏很多年。在花坛中适当增加这类树木的话，移植的空间则会变少，这样就不需要维护庭院了。

乔木
高度在3m以上的树木。主树干十分清晰，直立生长。

灌木
高度在3m以下，处在乔木和花草中间的树木。从地面开始分枝，呈分叉状生长，主干和树枝的区别不是太明显。

花草
宿根类花草和一年生草本植物、球根类植物等。

分枝状生长的四照花（图片后面的位置）、郁金香以及紫罗兰（图片最前面的位置）正是盛开的时候。灌木雪球荚蒾花（图片正中央）恰到好处的茂密感成为乔木和花草连接的桥梁。

山茶 " elina cascade "

山茶科山茶属　常绿灌木

花期：3—4 月	**光照**：阳光充足或短日照
树高：1~2 m	**水分**：适当湿润

特征：树枝是缓缓弯曲的，春天的时候，花径 1 cm 左右的淡红色小花像铃铛一样绽开。叶子窄窄的，给人以纤细的感觉。易受茶毒蛾侵害。修剪枝叶要在花期之后立刻进行。

石楠杜鹃 " 婚礼捧花 "

杜鹃花科杜鹃花属　常绿灌木

花期：4—5 月	**光照**：阳光充足
树高：60~100 cm	**水分**：适当湿润

特征：树形较小，枝叶茂密，即使不修剪树形也很整齐。很强壮，花开得也很好，从深粉色花蕾开始慢慢绽放，花的颜色逐渐变淡，完全绽开时变为接近白色的粉色花朵。抗热性、抗病性强，生长快，培育起来比较简单。

欧丁香 " 帕里宾 "

木犀科丁香属　落叶灌木

花期：4—6 月	**光照**：阳光充足
树高：80~150 cm	**水分**：适当湿润

特征：小型灌木，树形较低，聚拢性较好。花朵粉色呈圆锥状，开得很密，有芳香气味。7—8 月长花芽，修剪要在花期之后马上进行。

萨摩山梅花 " 百丽多华 "

虎耳草科山梅花属　耐寒性落叶灌木

花期：5—6 月	**光照**：阳光充足
树高：80~200 cm	**水分**：适当湿润

特征：直径 5 cm 的有芳香气味的白色大圆花，花朵中心的颜色也很别致。因为生长很快，所以花期之后要修剪枝叶，整理树形。要想让已经结实的前年枝干和刚长好的枝干都能开花的话，要将树木种植在利于枝叶伸展的地方，这样花会开得更好。

绣球花（安娜贝拉）

虎耳草科绣球属　落叶灌木

花期：5—8 月　　**光照**：阳光充足或短日照

树高：50~150 cm　**水分**：稍微湿润

特征：白色的小花聚集在一起，形成一簇直径在 20 cm 以上的圆柱形。因为花朵盛开在春天生长出来的树枝上，所以从花期之后到冬天，可以进行大幅度修剪，以后容易管理。

茵芋 " rubella "

芸香科茵芋属　常绿灌木

花期：10 月至次年 5 月　**光照**：短日照或背阴

树高：50~100 cm　　**水分**：稍微干燥

特征：在秋天开出很多红色小花蕾的花串，能装饰冬天的庭院，到了春天会开出小小的花朵。它生长很缓慢，种植之后可以几年不修剪，也会进行分枝，长出侧枝。

雪球荚蒾花 " 双子星 "

忍冬科荚蒾属　落叶灌木

花期：4—5 月　　**光照**：阳光充足

树高：2~3 m　　　**水分**：适当湿润

特征：开出淡粉色或白色的花，形状像线球一样。抗病虫害能力很强，也有抗寒性。不喜欢干燥，所以要将其种植在避免日晒的地方。在落叶期进行枝叶修剪，修整枯萎的枝叶。

圆锥绣球

虎耳草科绣球属　落叶灌木

花期：7—9 月　　**光照**：阳光充足或短日照

树高：2~3 m　　　**水分**：适当湿润

特征：虽说它与绣球花同类，但其花穗是圆锥形的。因为春天生长出来的树枝上才会长出花朵，所以从花期之后到冬天，可以进行大力度修剪。要避免将其种在干燥的地方以及夏季会有西晒的地方。

金银花"柠檬美人"

忍冬科忍冬属　常绿或半常绿灌木
（在日本关东以北的寒冷地区是落叶木）

观赏期（叶）：全年　　**光照**：阳光充足
树高：20~50 cm　　**水分**：适当湿润
特征：有细小的柠檬黄斑点的叶子长得十分茂密，呈分枝状生长，枝叶修长给人十分轻盈的感觉。可以修剪，如果长得太茂盛，也可以在自己喜欢的位置进行修剪。

绵毛薰衣草

唇形科薰衣草属　常绿小灌木

观赏期（叶）：全年　　**光照**：阳光充足或短日照
树高：10~60 cm　　**水分**：适当湿润、稍微干燥
特征：毛茸茸的叶子给人可爱的感觉，主要是观赏叶子。树形是小小的、茂密鼓起的样子。夏季要将其种植在通风好的短日照的地方。在初夏的时候会盛开深紫色的花朵。

山指甲

木犀科女贞属　常绿灌木

观赏期（叶）：全年　　**光照**：阳光充足或短日照
树高：1~2 m　　**水分**：稍微湿润
特征：细细的叶子，镶着黄色的边，在庭院中很显眼，给人清爽的感觉。在阳光充足和短日照的地方都能够生长，但是在向阳的地方，叶子的颜色会更鲜艳。为了使它茁壮生长，叶子过长的地方要进行修剪。

大花六道木"hopleys"

忍冬科六道木属　常绿灌木

花期：5—10月　　**光照**：阳光充足或短日照
树高：40~100 cm　　**水分**：适当湿润
特征：带黄色斑点的叶子给人明快的感觉。遇到寒冷天气时，黄色斑点会变成粉色。粉色的铃铛形小花也十分可爱，可以持续开放。生命力旺盛，也可以修剪。

水果兰

唇形科香科科属　常绿灌木

花期：6—8 月　　　　**光照**：阳光充足
树高：20~100 cm　　　**水分**：适当湿润
特征：银色的叶子十分美丽。初夏的时候可以欣赏到淡紫色的花朵。能够茁壮生长，培育起来也比较简单，生命力旺盛，叶子过长时要进行修剪，整理植物的株形。

黄芦木"紫叶小檗"

小檗科小檗属　落叶灌木

花期：4—5 月　　　　**光照**：阳光充足或短日照
树高：50~200 cm　　　**水分**：适当湿润
特征：新芽是深茶色的，之后会变成红色。春天的时候会开出黄色的小花。可修剪，既可以作为庭院树木也可以作为庭院的灌木篱笆。因为它有很尖的刺，所以选择种植场所时一定要注意。

花叶木藜芦"axillaris"

杜鹃花科木藜芦属　常绿灌木

花期：4—5 月　　　　**光照**：阳光充足或短日照
树高：50~100 cm　　　**水分**：适当湿润
特征：鲜艳的叶子在冬天的时候变成带有红色的青铜色，十分好看。夏季时要避免阳光直射。即使是在较明亮的短日照的地方也可以茁壮成长，所以很适合在它旁边点缀一些花草。在初夏的时候会开出很多像铃兰一样的小花。

大萼金丝桃"goldform"

藤黄科藤黄属　常绿灌木

观赏期(叶)：全年　　　**光照**：阳光充足或短日照
树高：30~50 cm　　　　**水分**：稍微湿润
特征：随季节和光照的变化，叶子的颜色也随之变化。短日照的情况下叶子是黄绿色的，向阳的情况下叶子是黄色的，变冷的话叶子是橙色的。树形小巧，枝叶整齐，修剪掉长长的枝叶之后树枝的数量就会增加。

种1~2株即可制造出大片花草效果的
蔷薇种植方法

蔷薇的花开得十分华丽，仅仅1株就能成为庭院的焦点。在空间有限的小庭院里，推荐大家种植小型易管理的灌木和灌木式的盆栽。蔓蔷薇可以爬上窗边、拱门，缠在栅栏以及篱笆等上面，让庭院的景色显得更加立体。

在庭院中找到最显眼的地方，然后考虑好从哪里看，会让蔷薇显得很美丽，以此来安排蔷薇的种植位置。虽然蔷薇是一种很有魅力的植物，但种养时很花费功夫。因为考虑到蔷薇也是庭院景色的一部分，所以要注意选择和庭院整体协调的树形，然后再慢慢地享受蔷薇与花草搭配的乐趣。

蔷薇的树形有3种类型

蔷薇的树形可以大致分为"树状""半蔓性""蔓性"这三种。因为树形不同的蔷薇，种植的场所和方法也不同，所以选择蔷薇的时候必须要好好了解。

树状

植株直立生长的类型。代表有混合体（四季开花的大朵蔷薇）、多花体（开中等大小花朵的蔷薇）。树高0.6~1.8 m，高度在1 m左右的小型蔷薇可以采用盆栽。

半蔓性

花开得很好，因为不会像攀缘蔷薇一样伸长枝叶，所以容易管理，向着墙面和窗边生长。老蔷薇和英式蔷薇主要是这种类型。

蔓性

从根部长出的幼株（新的枝叶）像藤蔓一样伸展开，一旦伸展到了上面的树枝上，就会将枝叶顶端卷成拱形。根据藤蔓延伸方式的不同，叫法也不一样，从根部伸展出来的新的枝叶向上伸展，顶端下垂的我们称之为"攀缘蔷薇"，沿着地面爬的我们称之为"漫步蔷薇"。

各种各样的蔷薇开花方式
四季开花：根据修剪管理的情况，从春天到秋天反复开花。
反复开花：从春天到秋天在树枝上总有地方开花。
多次开花：春天开花之后，在其他季节也开花。
只开一季：只在春天开花。

花园小屋（庭院里放物品的小屋子）周围的杏黄色的"诺伊斯氏蔷薇"（claire jacquier）和"黄色美人"
（杂交麝香蔷薇）搭配协调。如果只开一种颜色的花，淡色的花更容易和周围景色融合在一起。

大朵蔓蔷薇 + 花草

通过多彩花朵的重叠，营造出幽深的感觉

将装饰墙面的蔓蔷薇和花草搭配起来，就像是多彩的花朵重叠起来一样，花儿绽放着，营造出幽深的感觉。为了欣赏到大朵蔓蔷薇的每一朵花，建议将其种在拱门附近等便于赏花的地方。如果种植反复开花类型的蔷薇，就可以经常欣赏到蔷薇花。另外，大朵蔓蔷薇最好选择浅色品种，这样更容易和花草搭配。

早春的庭院。秋天移植的飞燕草等生长得很茂盛。如果很在意间距的话，可以种植从冬天到来年春天都可以观赏的紫罗兰等植物，或者郁金香之类春天开花的球根类植物。

a 蔷薇"洛可可"
b 毛地黄
c 飞燕草北极光系列
d 风铃草
e 黑种草
f 麦仙翁"purple queen"
g 金槌花
h 麦仙翁"樱蛤"
i 玻璃菊

如何搭配蔷薇和普通花草？

① 配合花期

因为蔷薇花期的顶峰是在5月中旬，所以配合蔷薇花期选择的花草，其观赏时期也要在这个时间。如果种植在蔷薇花期前后开花的花草，就可以长期欣赏到美景了。

② 协调花色

蔷薇就算只有一株，其存在感也很强。所以在和其他花草搭配时，最好不要选择花朵颜色鲜艳的，选择白色和淡粉色更好。粉色系的蔷薇和青色到紫色系的花草很搭配。

③ 调整花形和植株外形，获得整体的协调感

在中朵、大朵蔷薇中间，加入飞燕草和洋地黄等会结出长花穗的纵向生长的花草，以及黑种草等开小花的花草，会让庭院具有整体感。小花有连接花草的作用，一定要加进去。

5月

在杏黄色的蔓蔷薇"洛可可"绽放之后，加入同色的毛地黄和浅蓝色的飞燕草，使得庭院整体具有浪漫的氛围。加入深色紫堇属的麦仙翁"purple queen"使整体更协调。

小朵蔓蔷薇＋花草

与普通花草自然地搭配起来

小朵蔓蔷薇枝叶上开满花，覆盖在墙壁上。由鲜花装点充满质感的角落，
即使从远处看也很美丽。小朵蔷薇看上去惹人怜爱，和普通花草自然地
搭配在一起，纤细的树枝带来的细腻景致，让人感受到庭院的自然风情。
即使多种蔷薇组合在一起，也丝毫不会有喧闹杂乱的感觉。

a　蔷薇"紫玉"

b　蔷薇"佩内洛普"

c　蔷薇"raubritter"

d　紫花洋地黄

e　毛剪秋罗

f　风铃草

g　耧斗菜"nora barlow"

h　石竹"黑熊"

i　石竹"王朝"

j　三色吉莉草

小朵蔷薇"raubritter"和蔷薇
"佩内洛普"盛开的容器庭院。
在株高较高的洋地黄之间，种
植着长着银色叶子的毛剪秋罗
和三色吉莉草。

树状蔷薇 + 花草

用白色花朵搭配出来的白色花园。在树状蔷薇中，用飞燕草和毛地黄装点出纵向的线条，用黑种草、蕾丝花和红缬草将整体搭配统一起来。铜叶的钓钟柳"果壳红"充当连接的角色。再将银叶的绵毛水苏种在蔷薇附近，确保通风性。

用一种颜色来提升整体感

树状蔷薇因为和花草混栽，所以要注意把握好花朵颜色和植株高度的平衡。引入一些铜叶和银叶的彩色叶子植物，用同色系来协调整体感，同时也给主题颜色增加一些浓淡变化的层次感，使其色彩丰富。如果是将较淡的颜色作为主题颜色，那么植株高度一定要有所差异，这样才可以营造出错落有致的效果。

如何营造出美丽的景致

① 初夏盛开的植物，要在秋天种植

如果在秋季种植植物的话，植物的根会扎得较深，长势更好，这样才可以平安过冬。春天的时候，开花的数目也会变多。另外，同时种植多种花草的话，它们的生长速度也容易保持一致，在春天就可以欣赏到更加自然美丽的景色了。

② 花草配置随机化

想要营造出更加自然的氛围，就不要将花草排列整齐，而是将其随机摆放，这样花朵就会自然地重叠开放，花草的生长也会像天然的那样混杂在一起。将3~5株同类花草组合在一起种植的话，可以很清晰地看到这些花草的特色，不输有强烈存在感的蔷薇。

关注开花的时间、叶子的形状、植物样貌的整体等，让拥有不同要素的花草相互配合，突出彼此的特色。在决定了基本的主题颜色之后，再加入对比花色。

培育小型的 **蔷薇盆栽**

即使是在不适合种植绿植的露台和小路上，只要有可以生长的空间，就可以通过盆栽来种植蔷薇。在庭院栽植中生长十分旺盛的品种，通过盆栽也可以种出小型的植株。另外，对于很难开花的老蔷薇以及容易患黑点病的品种，推荐使用盆栽种植的方式。晴天把它们放在光照好的地方，下雨时将它们移到房檐下。

盆栽蔓蔷薇可以让其攀爬到墙面上，也可以将其放在露台和阳台上，这样营造出的美景范围就更广了。

入口周围是一个引人注目的地方，可以通过放置蔷薇盆栽给人留下深刻印象！在小道周围等引人注意的地方放置蔷薇盆栽，简单朴素的素烧花盆将蔷薇衬托得更加美丽。

四季都能赏花的关键
在引人注意的地方，种植四季开花的蔷薇。将几个蔷薇花盆按照开花顺序摆放，这样的话，四季都能欣赏到开花的美景。

枝叶伸长之后，新长出来的嫩芽，攀爬到背后的砖头墙面上，创造出蔷薇特有的美丽景观。

覆盖窗户的蔷薇
和铁线莲的组合

蔷薇和铁线莲的组合十分独特，紫色的铁线莲与蔷薇十分搭调。如果是盆栽的话，即使在窗边以及玄关等有限空间，也可以营造出华丽浪漫的氛围。

铁线莲的选择方法

铁线莲有各种各样的品种，推荐采用和蔷薇的花期重合的晚开品种，这样便于修剪，冬季也容易管理。

给人正式感的蔷薇标准剪切样式

所谓标准剪切样式，指的是通过嫁接，让蔷薇的直立主树干上方开出花朵，呈现出圆润有质感的样子。这种样式的蔷薇会成为庭院的亮点。因为花的下面还有空间，所以也容易获得光照。可在小庭院的中心设置，也可在通道的两侧对称设置，庭院整体会给人焕然一新的感觉。

要点

**选择蔷薇
花盆的要点**

蔷薇的根会不断向下生长。如果花盆太小的话，根就不能自由生长。因此，推荐使用多孔的，通气性、吸水性、排水性都很好的深色素烧花盆。素烧花盆的颜色和质感更能突出蔷薇的美，同时也与整个庭院的景色相协调。不能经常浇水的话，建议使用轻便又结实的塑料花盆。轻便的 FRP（纤维强化塑料）花盆，以及时尚的塑料花盆逐渐开始受到欢迎。不论是哪一种花盆，选择有一定深度而简单的款式就可以了。

说到绚丽的花朵首先想到的就是蔷薇了，蔷薇是落叶灌木类植物，种植之后比一般的花草存活时间更久。种植蔷薇的方法因人而异。为了有效地利用空间，需要弄清楚种植的优先顺序以及种植目的。

选择优良蔷薇品种的方法

想要在庭院里欣赏到什么样的景色，关键是选择符合种植目的以及能够适应生长环境的品种。蔷薇喜欢光照、通风还有排水都好的地方。理想的种植地是一天有 4 个小时以上阳光可以直射的地方。

A 根据条件选择

根据庭院的种植情况、光照、面积等，选择合适的品种。

B 根据喜好选择

根据树貌、开花方式等，选择喜欢的品种。

→

1 树貌、树高

根据庭院的种植情况、光照、面积等，选择大小合适的品种。
→ 按照植物本来的习性进行培育，更容易培植成功。

2 开花方式

在庭院的主要场所，要选择种植四季开花以及多次开花的蔷薇品种。
→ 在庭院里引人注目的关键地方，推荐种植反复开花的品种。

3 花朵的形状、大小、颜色

从远处眺望的场所，要种植那些整体来看很有质感的品种。
→ 比起观赏单个的花朵，因为是要看全景，所以要选择成群开花的品种。
推荐小朵的成串开放的、易开花易保持的品种。

蔷薇幼苗的种类

蔷薇的幼苗中有新苗、大苗、花盆苗等种类。时间不同，市场上销售的幼苗种类也不一样。初次种植时，最好种植花和叶子都长出来的苗。

新苗

销售时间：4—5 月

新苗是在进行销售的前一年的夏天到冬天进行嫁接，一直培育到当年春天的幼苗树木。第一年即使结有花蕾也要摘掉，优先培养植株。

大苗

销售时间：10 月至次年 3 月

大苗是将新苗培育到秋天的幼苗树木。将树枝剪到 50 cm左右，叶子掉落的情况很多。等植株长得茁壮之后，第二年春天就可以欣赏到花朵了。

花盆苗

销售时期：全年

将大苗种植在花盆里之后的幼木。如果是春天和秋天开花，就可以先观察花朵进行选择。另外，花盆苗对初次种植的人来说也很容易培育。不过，价格也是三种里面最高的。

实践 🌱 移植新苗（盆栽）

新苗虽然也可以在庭院里种植，但是还是推荐盆栽，管理方便，而且可以使植株更加强壮。购入新苗之后，为了让新苗的根更容易生长，要将其种植在比根大一圈的花盆里。生长期移植的关键在于不可以破坏带土的根部。

要准备的东西

- 新苗
- 蔷薇专用营养土
- 基肥（如果土壤里面含有基肥的话，则不需要）

- 花盆
- 盆底网
- 盆底石

※ 盆底石是为了更好地排水。有一定深度的花盆以及底部的洞口很小的花盆，最好放入盆底石。排水性较好的土壤以及没有放入太多土壤的情况，可以不放盆底石。

蔷薇营养土

营养土 —— 基肥

装水空间
3 cm 左右

一次性筷子

① 准备花盆和土

在花盆底铺上网，放入盆底石到2~3 cm 高度。在营养土中混入适量的基肥，放入花盆至达到花盆的一半高度左右即可。如果是含有基肥的营养土的话，直接使用就可以。

② 手握根部将苗拔出来

新苗的砧木部分接口很容易脱落，所以要手握新苗的根部慢慢地将花从花盆里拔出来，或者是将花盆倒过来，将新苗取出来。

③ 种植时不要毁坏根部

将苗装入花盆里，将营养土装入花盆至距离花盆边缘 3 cm 的地方（将这个空间称之为装水空间，向该空间倒水，直到水溢出土壤表层，这样根部就可以完全吸收水分了）。然后向周围加入土壤，用一次性筷子一边压土一边种植。

④ 将嫁接口露出地面

种植的时候，不要将苗木的嫁接口埋入土壤中。将嫁接口的胶带一直保留到秋天。直到胶带嵌进苗木的时候，再将其摘掉。

⑤ 种植完成之后，立刻浇水

种植之后，马上浇大量的水，到水能够从花盆底流出来的程度。苗木扎根前的一个月内，都不要让土壤干燥。

庭院种植时，最开始的培土过程十分重要。为了让苗木的根可以深深地扎在土壤里，要尽可能挖一个又深又大的种植洞穴。要在将土壤改造为含有较多有机物质、通风性良好的土壤后再进行苗木种植。植株带有叶子时，不要毁坏根部。

要准备的东西
- 苗木
- 全熟腐叶土
- 全熟堆肥
- 基肥
- 硅酸盐白土（将挖掘的硅酸盐白土干燥后，根据形状的不同，用于不同方面园艺的一种材料。）
- ※ 有防止根部腐烂效果的土壤改良材料

① 挖掘种植的洞穴

决定种植场所之后，挖出一个宽度、深度均为 50 cm 左右的种植洞穴。排水不好的情况下，在种植洞穴中放入 5 cm 左右厚度的黑曜石材料（日本园艺中，黑曜石材料用于改造排水性不好的土壤，珍珠岩材料用于改造保水性不好的土壤。）或者腐叶土。

② 混合土壤

在挖出来的土壤中加入 3~5 L 的腐叶土和全熟堆肥，再加入规定分量一半的基肥，与之混合。在种植洞穴中加入 5~10 L 的全熟堆肥，与洞穴底部的土壤充分混合，再放入剩余的基肥和硅酸盐白土，用铁锹将其混合。最后将 70% 的改良土壤放回到洞穴中。

③ 抖落根部周围的土壤

将大苗从花盆中拔出来，新根没有长出来的话，将根的肩部（上面的角）以及底部拆开，这样根部就容易伸展开。将受损的根部和长得过长的根剪掉。如果在根部还在生长的期间进行种植的话，那么关键是不要损坏根部。

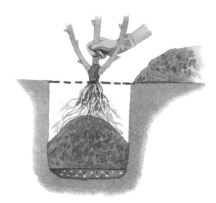

④ 扩展根部，将主干部分笔直地立起来

将大苗的根部均匀展开，在种植用洞穴的中心部位将主干部分（又粗又结实的树枝）笔直地立起来。用木棒一边按压一边在根与根之间放入土壤。注意不要将嫁接口埋入土壤中，嫁接口的胶带在之后会逐渐陷进去，这时要去掉胶带。种好之后，在根部周围堆上土壤，在植株周围做出土堆放好。

⑤ 浇水，立起支柱

用喷壶浇水。浇水之后，水位恢复原样，再次浇水，让水可以流到各个地方。水位恢复原样之后，将土壤填平，立起支柱让苗木不会摇晃。种好之后，如果表层土壤干燥，就要浇水。另外，在 1 月份会降霜的地区，最好用腐叶土和树皮堆肥覆盖起来。

为了蔓蔷薇可以爬上家里的墙壁，选择移植场所很重要。

即使是想让蔓蔷薇在窗户周围爬蔓，也绝对不可以将其种在窗户的正下方。下面向大家介绍移植蔓蔷薇的方法。

（1）选择的地点与想要蔷薇开花的地方保持一段距离，且可以淋雨

蔓蔷薇是在伸展的枝叶的尖端部分开花，而不是在种植的地方。所以，要配合枝叶的伸展状况，种植地点要与想要蔷薇开花的地方有一段距离。另外，想要其在房屋的墙壁上爬蔓的话，一定要种植在房檐的外侧，选择可以充分淋雨的地方。

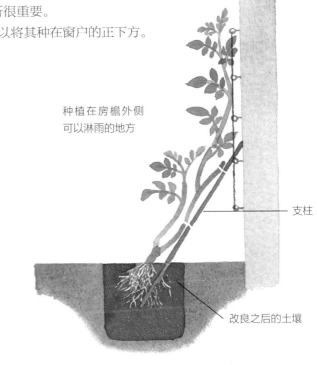

种植在房檐外侧可以淋雨的地方

支柱

改良之后的土壤

（2）在墙面上安装上钢丝绳

若想让蔓蔷薇在墙壁上爬蔓，则需安装不锈钢的钢丝绳，结实且不醒目，还可以让藤蔓在墙壁上更好看。如果墙面是红砖和混凝土，在视野范围内安装钢丝绳，搭配藤蔓之后，会形成美丽的风景。如果不想在墙面上安装钩子的话，也可以在墙壁前面立上柱子用来安装钢丝绳。

安装上钢丝绳

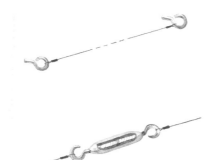

将不锈钢的钩子钉进墙壁里，再装上钢丝绳。

如果在中间装上弹簧钩的话，就可以调整绳子的松紧度。

（3）做出过渡桥梁使藤蔓可以到达墙壁

藤蔓过短，不能到达想要其生长的地方时，可以在蔷薇附近插上支柱作为过渡桥梁。藤蔓长长之后，就可以拆掉支柱。

将藤蔓引到窗户附近

为了让蔷薇可以开在窗户附近，要将其种植在远离窗户的地方，这样枝叶才能伸展到窗户附近。为了让枝叶尖端的纤细部分可以爬到窗户附近，首先种植时要选择适当的距离，其次将结实的钩子垂直地装在窗户两侧，将其作为支架，再架上钢丝绳，最后在窗框上添加支柱，钉上钩子，挂上钢丝绳等。

蔓蔷薇的生长和修剪

为了让蔓蔷薇可以在窗边以及栅栏上爬蔓，枝叶的修剪和引导操作不可或缺。一般情况下，植物枝叶顶端附近的幼芽生长良好，具有容易开花的"顶端优势"。利用这个优势控制蔓蔷薇的生长。在蔓蔷薇休眠的冬季（树枝很容易弯曲，幼芽长出来之前的12月至次年1月中旬）进行引导操作，避免伤害幼芽。一年一次，在生长最旺盛的时期，一棵蔓蔷薇可以开出好多花。

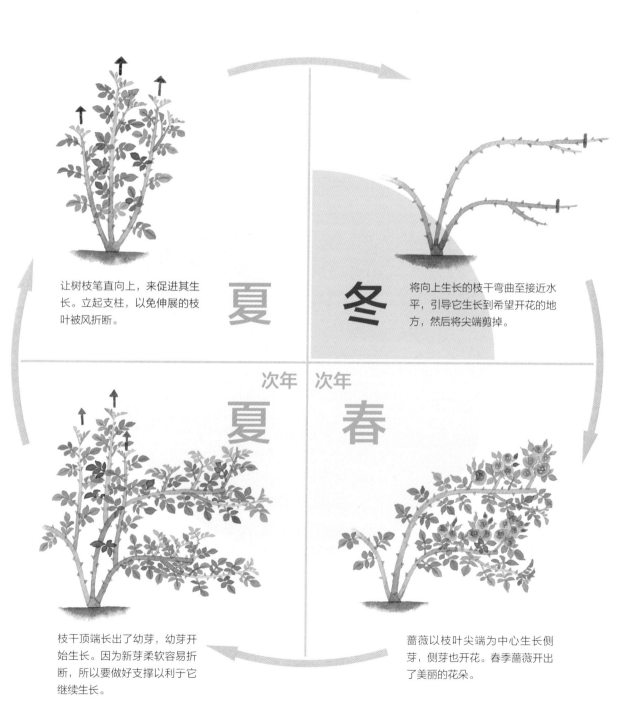

夏
让树枝笔直向上，来促进其生长。立起支柱，以免伸展的枝叶被风折断。

冬
将向上生长的枝干弯曲至接近水平，引导它生长到希望开花的地方，然后将尖端剪掉。

次年 夏
枝干顶端长出了幼芽，幼芽开始生长。因为新芽柔软容易折断，所以要做好支撑以利于它继续生长。

次年 春
蔷薇以枝叶尖端为中心生长侧芽，侧芽也开花。春季蔷薇开出了美丽的花朵。

蔷薇的栽培管理

施肥方法

在冬季休眠期施加的"基肥"和生长期施加的"追肥"对蔷薇生长所起的作用是有很大区别的。虽说蔷薇有"吃肥"这一说法，但四季开花蔷薇和单季开花蔷薇的施肥方法是不一样的。四季开花蔷薇，因为会不断地开花，所以每次开花后都要进行施肥，为下一次开花补充营养。对于单季开花蔷薇来说，大多数蔷薇的植株长势旺盛，不一定需要肥料。二次开花类型的蔷薇，要在它即将开第二次花的时候进行施肥。

如果施肥过多，树枝会疯狂生长，植株本身会变柔弱，容易得病，花苞长得太多，有可能有的就不会再绽放了。为了能够让蔷薇开出美丽的花朵，肥料不可缺少，但是施肥要适量，过犹不及。

预防和祛除病虫害

病虫害一旦发生，很难完全治好。了解蔷薇发生病虫害的时期，提前做好防护对策，可以减少花费在治疗病虫害上的时间。从病虫害活动的初春开始，就撒下预防药剂，如果发现症状，立刻喷洒治疗药水。

主要的病害

白粉病

症状
幼叶、茎、花蕾和花头部分，就像是撒有面粉一样覆盖着白色的霉。叶子萎缩，虽然没有落但是生长迟缓。

发病期
多在4—6月、9—10月稍微干燥的时候发病。因为引起这种病的害虫对30℃以上的高温抵抗能力很弱，所以这种病害不会发生在夏季。

处理方法
摘掉已经感染疾病的叶子、树枝、花蕾。向植株以及植株周围的根部喷洒适用的药水。

黑星病

症状
叶子表面出现褐色小斑点并逐渐变大，叶子变黄直至落叶。这种病害会阻碍植株的光合作用，从而植株变得衰弱，严重的时候甚至会枯死。

发病期
5月到梅雨的期间，9—10月降雨多的时候。

处理方法
因为是雨水带来的感染，所以要在下雨前对植株进行防护。如果是盆栽的话，在下雨的日子里要将其移到房檐下。

主要的害虫

蚜虫

症状
体长为1mm左右的虫子，在新芽的尖端、幼叶、花蕾的部分成群聚集着。吸食蔷薇的树液，虫子的排泄物也可能会导致发霉。

发生时间
全年都有可能出现，早春、夏天、秋天的时候出现较多。

处理方法
一旦发现，马上捕杀。

夜盗虫

症状
蛾的幼虫。幼小时群集在叶子背面，将叶子吃得只剩下叶脉。长大之后成为毛虫，在晚上咬食叶子和花朵。

发生时间
幼虫出现在4月末至5月上旬，成虫出现在开花期间（从秋天开始虫害变得比较严重）。

处理方法
在其幼小群集在叶子背面的时候进行捕杀。

蔷薇三节叶蜂

症状
幼虫头为黑色，群集附着在幼叶上面，吃叶子会吃得只剩下叶脉。成虫是体长为1.2cm的蜂虫。

发生时间
成虫在5—10月期间大概出现3次，附在新叶上产卵。

处理方法
用指尖粉碎卵，趁它们还是幼虫的时候找到它们，连叶子整个剪下进行捕杀。

庭院中常种植的蔷薇品种

龙沙宝石

蔷薇科蔷薇属　落叶灌木

开花方式: 单季花　　**枝长**: 3 m
花径: 12 cm　　　　　**香味**: 淡香
特征: 花的中心部分是淡粉色的，随着花的绽放，花瓣颜色渐变成白色。从粗壮的枝干上分出来的侧枝也长得很长。由于枝干较粗，所以接近水平程度的弯曲会使花开得更好。

蔷薇"洛可可"

蔷薇科蔷薇属　落叶灌木

开花方式: 多次开花　**枝长**: 3 m
花径: 12 cm　　　　　**香味**: 淡香
特征: 花外廓是杏黄色，花瓣呈规整的波浪状。开花持久，抗病性强。延伸度好，可以长到墙面上。颜色较浅，也适合在庭院内培植。

弗朗索瓦蔷薇

蔷薇科蔷薇属　落叶灌木

开花方式: 多次开花　**枝长**: 4 m
花径: 8 cm　　　　　**香味**: 中香
特征: 奶白色和粉色组合成柔和而细腻的色调。莲座状的花形十分漂亮。大小适当，易与其他花草进行搭配。

欧泰

蔷薇科蔷薇属　落叶灌木

开花方式: 四季开花　**树高×叶长**: 80 cm×80 cm
花径: 8 cm　　　　　**香味**: 中香
特征: 杏黄色中夹杂着淡桃色的花，带有清香，花色随着四季的变化而变化。春季偏白色，秋季偏粉色。因株型较小，所以适合盆栽培植。

月季

蔷薇科蔷薇属　落叶灌木

开花方式: 四季花　**树高×叶长**: 1.5 m×1 m
花径: 8~10 cm　　　**香味**: 浓香
特征: 抗病性强，树形笔直。粉紫色的花朵映衬在深绿色的枝叶上。随着花朵的绽放花色逐渐变成淡粉色，适合容器培植。

欧月－美里玫瑰

蔷薇科蔷薇属　落叶灌木

开花方式: 四季花　**树高×叶长**: 1.4 m×1 m
花径: 8 cm　　　　　**香味**: 浓香
特征: 盛开着纯白色的半重瓣花。从浅色的花苞开始慢慢绽放，直到全部盛开。需放在温室里进行培养，抗病性强，易于培植。

杰奎琳·杜普雷蔷薇

蔷薇科蔷薇属　落叶灌木

开花方式：四季开花　　**树高 × 叶长**：1.5 m×1.2 m
花径：7 cm　　　　　　**香味**：中香
特征：树形横向扩张。随着生长，树枝爬满墙面和栏栅。由于耐修剪，因此剪除大部分树枝之后也可以很快重新长出，白色的花瓣，粉色的花蕊，花朵绽放时十分可爱。

无名的裘德蔷薇

蔷薇科蔷薇属　落叶灌木

开花方式：四季开花　　**树高 × 叶长**：1.5 m×1.3 m
花径：11 cm　　　　　　**香味**：浓香
特征：橙色花芯和外围的杏黄色花瓣搭配，具有浓烈的果香。花开持久且四季常开。

蔷薇"新幻想"

蔷薇科蔷薇属　落叶灌木

开花方式：四季开花　**树高×叶长**：1.5 m×1.2 m
花径：6 cm　　　**香味**：中香
特征：深红色掺杂着白色的花朵独具魅力，放在温室里培养能反复开花。作为小型的藤蔓蔷薇可攀爬到墙面和栏栅上。

蔷薇佩内洛普

蔷薇科蔷薇属　落叶灌木

开花方式：四季开花　**树高×叶长**：1.5 m×1.3 m
花径：6 cm　　　**香味**：中香
特征：花朵杏黄色中掺杂着淡桃色。从远处看像白色。半重瓣的花放在温室里开放。植株横向扩张，根部的枝叶较粗，主要由细枝叶分支延伸出来。如果能在宽阔的地方培植，就更能体会到养花的乐趣。

桃心蔷薇

蔷薇科蔷薇属　落叶灌木

开花方式：四季开花　**树高×叶长**：1.8 m×1.2 m
花径：10 cm　　　**香味**：浓香
特征：花瓣上掺杂着淡黄色和粉色的条纹。香味独特，常在拱门、方形尖顶塔、篱笆、低围栏等处培植。

紫花琉璃草

紫草科蜡花属　耐寒性一年生草本植物

花期：4—5月　　　　　**光照**：阳光充足

株高：30~50 cm　　　　**水分**：适当湿润、微干

特征：绿中带银的叶子把个性鲜明的花瓣衬托得更加美丽。枝叶十分茂盛，散落的种子无需费心打理，就能茁壮生长。

紫花珍珠菜"博若莱"

报春花科珍珠菜属　耐寒性宿根草本植物

花期：5—7月　　　　　**光照**：阳光充足、短日照

株高：40~60 cm　　　　**水分**：适当湿润、微湿

特征：黑中带着酒红色的穗状花十分美丽。与银灰色的叶子相互映衬，花朵为深色调的，能够调和浅色调花朵盛放的初夏庭院。

紫花柳穿鱼

玄参科柳穿鱼属　耐寒性宿根草本植物

花期：5—6月　　　　　**光照**：阳光充足

株高：70~100 cm　　　**水分**：适当湿润

特征：花茎纤细直长。浅色花朵和蔷薇搭配，十分和谐。因为花束整体较大，与其他花草搭配时起主导作用。

黑种草

毛茛科黑种草属　耐寒性一年生草本植物

花期：5—6月　　　　　**光照**：阳光充足

树长：40~80 cm　　　　**水分**：偏干燥

特征：丝状的叶子上绽放着个性十足的花朵。纤细的叶子使得周围的氛围变得柔和。该花在湿润的环境中不易生长，因此要注意不要浇太多水。果实外形也很独特，可以感受到干花培植的乐趣。

红缬草 "coccineus"

败酱科缬草属　耐寒性宿根草本植物

花期：4—6 月　　　**光照**：阳光充足
株高：70~90 cm　　**水分**：适当湿润
特征：由深粉色的小花聚集在一起，花朵十分美丽，厚实的枝叶更加衬托出花朵的美。耐旱性强。若施肥过多，则植株混乱，所以一定要注意。

飞燕草北极光系列

毛茛科飞燕草属　耐寒性宿根草本植物

花期：4—5 月　　　**光照**：阳光充足
株高：80~150 cm　　**水分**：适当湿润
特征：长长的花穗上开着大朵的花。飞燕草在初夏的庭院里不可或缺。秋季栽种，使根部来年迎春之际变得坚实，随后花开遍地，也是一道靓丽的风景。在气候温暖的地方，飞燕草具有一年生草本植物的属性。

蕾丝花 "白色蕾丝"

伞形科阿米芹属　耐寒性宿根草本植物

花期：4—6 月　　　**光照**：阳光充足
树长：30~80 cm　　**水分**：适当湿润
特征：白色花朵像蕾丝一样纤柔，适合庭院种植。纤细的枝叶也很美丽。在气候温暖的地方，具有一年生草本植物的属性。散落的种子不用特意打理就能茁壮生长。

桃叶风铃草

桔梗科风铃草属　耐寒性宿根草本植物

花期：4—6 月　　　**光照**：阳光充足
株高：40~150 cm　　**水分**：适当湿润
特征：在细长的花茎上绽放着铃铛形状的花朵。花穗具有分量感，茎叶细长给人清爽的感觉。即使在狭窄的空间也能培植。在气候温暖的地方，具有一年生草本植物的属性。

享受拥有多彩蔬菜的 "家庭菜园"（potager）

potager，在法语中是"家庭菜园"的意思。这里可以种植色彩丰富的果树、蔬菜、香草、花草等，兼具观赏和收获的乐趣。在庭院中设置家庭小菜园，在露台和阳台上进行容器栽培都是不错的选择。在这里，向大家介绍适合与花草混搭的具有观赏性的蔬菜，它们都可以用容器培育，而且收取果实也很简单。

适合与花草混搭和用容器培育的蔬菜

叶用甜菜

藜科甜菜属，耐寒性一年生草本植物。株高：30~40 cm。花期：全年。不合适酸性土壤。

色彩鲜艳，叶子为白色、黄色、桃红、黄绿、紫色、橙色等，口感清脆。叶子漂亮，可与其他植物混栽。在寒冷地区可以在夏、秋季节进行培育。

小番茄

茄科番茄属，非耐寒性一年生草本植物。株高：100~150 cm。花期：5—9月。

即使种在容器中也会不断地结出果实，一次结出10个以上的果实也不算稀奇。相较而言，适合高温干燥的环境。对重茬儿（在同样的土地上连续种植同一种作物）的抵抗力很弱，所以种植的时候不要使用种植过其他茄科植物的土壤。搭起支柱避免植株倒塌。

四季均结果的草莓

蔷薇科草莓属，非耐寒性一年生草本植物。株高：100~150 cm。花期：6—10月。

抗热抗寒性强，不挑土质。粉色花朵，春天和秋天开花结果。如果种植在较高的容器内，就可以欣赏到枝叶垂挂的景色。

紫叶生菜

菊科山莴苣属，耐寒性一年生草本植物。株高：30~40 cm。花期：全年。讨厌酸性土壤。

生菜生长的适宜温度为15~20℃，适合凉爽的天气，所以在春秋的时候生长旺盛。种植后一个月左右就可以收获。随着植株生长，叶子的红色渐渐变得鲜艳，而且十分茂密，可以作为花坛的边缘装饰。

菊苣

菊科菊苣属，耐寒性宿根类花草。株高：40~100 cm。观赏期：6—8月。讨厌酸性土壤。

花叶可以制作沙拉，嚼起来松脆可口，带有微微的甜味和淡淡的苦味。

第三章

打造缤纷庭院的
花草种植方法

每年都开花的**自然风宿根花草**

相对于开花后便枯萎，需要每年重新种的"一、二年生草本植物"，宿根花草可以生存多年，每年重复生长。这类花草分为冬季地上部分枯死，根部休眠越冬品种以及常绿品种。

宿根花草的魅力在于，植株能够多年生长并且每年开花。个性鲜明的花卉品种，植株越是茂盛越具有观赏性，极具魅力与存在感。宿根花草种类丰富，所以种植时要先了解其原产地，种植环境需要符合植物习性。因为其多年生长在同一个地方，所以要事先考虑周围搭配的花草，规划好一年四季呈现的景观，然后再制定种植计划。

装点秋季明亮庭院的宿根花草

从众多宿根花草中，挑选适合打造缤纷庭院的品种，下面将重点解说组合方式。

蓝色
Blue

花朵艳丽的秋季开花宿根鼠尾草属花草（秋季开花品种）

秋季开花且花朵鲜艳亮丽。鼠尾草"神秘尖顶"的植株高度约 60 cm，适合在狭小空间内种植。若是搭配类似虾膜花等可作为背景的叶片宽大，或锦紫苏等叶片颜色多彩的植物，更能突出鼠尾草花朵的艳丽。

同时
推荐

钴蓝鼠尾草
花茎笔直纤细，钴蓝色花朵令人印象深刻。种植后第二年开始生长，形成较大的植株。

叶片纤细衬托花朵的石竹属花草

石竹属植物的花朵多为亮粉色系，搭配同色系颜色深浅不同的花草，能够打造出统一而清爽的美丽景致。锯齿状花形的石竹"超粉"株高 20~30 cm，枝叶茂密，开花繁茂。搭配浅粉色的千日红使景致浓淡相宜，还可以加入彩色叶片的珊瑚铃属植物用以协调色彩。

洋红色
Magenta

同时推荐

石竹"红小丑"
花朵小而密集，形成直径 10 cm 的大花球。后方搭配鼠尾草等笔直花草，打造出生机勃勃的景致。

黄色
Yellow

黄色系花持久盛开，鬼针草属花草可以长期装点庭院

正如其别名冬季波斯菊一样，花期可持续至晚秋。搭配盛开着橘黄小花的藿香，鬼针草会更加艳丽夺目。若在后方放置株高不同的浅紫色斑鸠菊，景致更好。若在小空间内密集种植，可打造出自然而柔和的景致。

同时推荐

鬼针草"快乐黄"
株高 15~20 cm，横向蔓延株型。植株茂盛繁密，花朵大，可开满整面。若没有霜冻，可从秋季一直盛开至第二年春季。

一定要知道的**宿根花草种植要点**

只有经年累月，才能真正体会到宿根花草的魅力。为了让其长久保持花姿，需要根据环境选择植物生长的场所，以保持植物的活力，并与其他花草搭配，展现庭院一年四季不同的美丽景观。

不会失败的宿根花草挑选方法

虽然宿根花草给人以种下后就会一直不变的印象，但其性质和管理方法因品种不同而各不相同。其植株姿态也是多种多样的，因此一定要在了解其长成后样子的基础上再决定种植场所，考虑除其花期以外该如何呈现，重点是制定长期计划。

1 根据环境选择

若宿根花草被栽种在适宜的场所，则能长年呈现出美丽的姿态。选择种植场所时要了解所种植的品种在居住地区或种植场所是否能够生长。如果知道其原产地，那么就能更好地把握宿根花草的养护。

2 把握种植时期

宿根花草一年有两次适宜种植的时期，即春季和秋季。春季至初夏开花的宿根草推荐秋季种植，夏季至秋季开花的宿根草推荐春季种植。有些品种不经历冬季寒冷就不会开花，所以这一类的宿根草应该在秋季种植。

3 种植时要留出宽裕空间

宿根花草以盆栽苗移植为主，最初仅有叶子，很难想象其长成后的形态。花苗期间虽然看不出区别，但种植第二年就会发生巨大变化。所以种植前请准确把握其株高及植株大小后再确定移植位置，种植时留下多余的空间，避免种植过密。

挑选要点

☐ 日照条件（向阳、短日照、背阴）
☐ 是否耐寒、耐热
☐ 花期是什么时候
☐ 株高最高是多少
☐ 常绿还是落叶

想象宿根草长成后的形态，移植盆栽苗时留出多余的空间。种植过密是导致失败的原因之一。

摘心和剪枝的诀窍

"摘心"（摘尖）指的是摘取顶芽，"剪枝"指的是剪去多余的叶茎或枝干。虽然植株不进行摘心或剪枝依然能够开花，但经过摘心或剪枝的植株枝干数量会增加，花也更加美丽。

摘心增加分枝数量

在春季新芽萌发，株高 10~15 cm 时进行摘心。以指尖掐下叶茎或枝干顶端柔软的部分，以促进腋芽生长，增加分枝数量，让植株茂盛，盛开更多花朵。也可以让株高较高的花草更紧凑。为了让植株主干长出强壮的分枝，呈现出丰满的株型，需要在幼苗的生长初期进行摘心。

摘心位置越靠近根部，低位置的分枝越茂盛。
<例>矢车菊、堆心菊等。

剪枝扣制株高

剪枝的目的是修剪过长的叶茎，恢复株型。剪枝时期为初夏的植株生长期，剪掉其生长高度的 1/2 至 3/4。对于秋季开花的鼠尾草属等较高的宿根花草，在初夏沿离地面 15 cm 高度处剪枝，可以使花形更美丽。

在高出地面约 15 cm 处一并剪断。
<例>白孔雀草、秋季开花的鼠尾草属等。

剪枝调整株型，使其绚丽绽放

许多花草会因为夏季的高温高湿而失去生机。如矮牵牛这种花期较长（从初夏延续至秋季）的花草，可通过剪枝缩小株型使其顺利度过夏季。山桃草等生长旺盛的宿根花草，通过剪枝则能修剪出美丽的株型，也使其在秋季盛开时更加美丽。剪除残枝枯叶，可以使植株保持活力，并促进之后新芽的生长。为了配合秋季花期，应在 8 月上旬完成剪枝。

花谢后，修剪掉整体的 1/3 至 1/2。
<例>山桃草属、矮牵牛等。

植株的更新、增殖方法

宿根花草若在种植后长年放任不管，生命力就会衰弱，开花也会减少。这时，需要挖出植株，进行"分株"。分株指的是将植株分成若干部分。去除老化植株的枯朽部分，从母株上切取根部或地下茎进行移植，可完成植株更新，增加植物数量。

分株的时期因植物不同而各不相同。观察母株上新芽的粗壮程度，可以估计分株时期。例如，菊花等以地下茎生长繁殖的种类应在种植约2年后进行分株，而像铁筷子之类植株较大的种类，应在种植约5年后分株。

需要注意的是，分株时不要分割过细。新分出的植株需要一段时间充分生长，有些可能第二年不能开花。不同品种的花草之间略有差异，一般分割至三四个新芽即可。

分株方法因植物繁殖方式的不同而各有不同

宿根花草的分株方法，因其繁殖方式的不同而各不相同。在此介绍三种代表性的繁殖方式及其分株方法。

1 植株周围出现新芽，以幼株状态生长型

→ 分割母株和新芽

以刀具或铁铲从植株缝隙切割。有些可用手简单分开。
<例> 老鼠簕、向日葵、萱草等。

幼株生长型（玉簪）

2 伸出匍匐茎繁殖，匍匐茎生长型

→ 切断匍匐茎

幼株和根从横向伸出的枝干茎节处生长，可分别切开。
<例> 匍匐筋骨草、连钱草、头花蓼、野芝麻、金叶过路黄等。

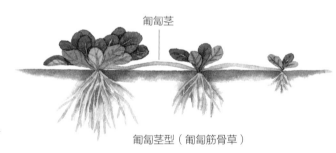

匍匐茎

匍匐茎型（匍匐筋骨草）

3 横向伸出地下茎繁殖幼株，地下茎生长型

→ 分割地下茎

以二三个新芽为单位切割。
<例> 秋牡丹、紫斑风铃草、羊角芹、薄荷、泽兰（白头婆）等。

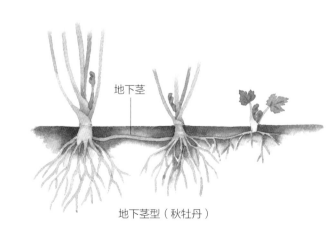

地下茎

地下茎型（秋牡丹）

实践 🔨 对铁筷子进行分株

这部分介绍宿根花草中种类较多的"幼株生长型"花草的分株。幼株生长型花草的新株多为坚硬块状新芽，不能用手轻松分开。可使用剪刀、小刀或铁锹来分割。完成分株后，需立刻种植，以防植株干枯。

适宜时期：10 月

铁筷子是从冬季盛开至来年早春的品种，非常受欢迎。其新芽生长需要一定时间，因此分株时以3~4 个芽为单位，尽可能大块分割。

生长旺盛，完全盛开的铁筷子。

分株的顺序

① 用铁锹等挖出植株

② 将植株根部泥土清除干净，确认新芽

③ 用剪刀将植株分成两半

④ 分株成两株的状态，植株较大时可多分几株

装点时节的宿根花草 ①

源平小菊（加勒比飞蓬）

菊科飞蓬属　耐寒性宿根草

花期：4—11 月　　　**光照**：阳光充足
株高：20~40 cm　　**水分**：适当湿润、略微干燥
特征：花朵为半球形，向外展开。花朵朝着一面开放，十分惹人喜爱。将这种花加入庭院里，会营造出更加自然的感觉。随着花朵的开放，其颜色由白色逐渐变成粉色，而且可以反复开花。只要勤加修剪，植株就会变得十分美丽。

杂交老鹳草"约翰蓝"

牻牛儿苗科牻牛儿苗属　耐寒性宿根草

花期：5 月　　　　　**光照**：阳光充足
株高：30~60 cm　　**水分**：适当湿润
特征：蓝色带有透明感的大朵花，漂亮却不张扬。叶子上有裂，非常茂密。因为该花对高温湿润的环境抵抗力很弱，所以要种植在排水好的地方。

绵毛水苏

唇形科水苏属　耐寒性宿根草

花期：5—6 月　　　**光照**：阳光充足
株高：20~40 cm　　**水分**：适当湿润、稍微干燥
特征：茎和叶子上生长着浓密的白色细毛，给人厚实而柔软的感觉。因为其会覆盖地面，所以推荐将其当作地被植物。初夏盛开的淡紫色花朵也很好看。因为该植物对高温湿润的环境抵抗力较弱，所以要勤扫植物下方的叶子，使其生长环境不会潮湿闷热。

蓝色福禄考"蒙特罗斯三色"

花荵科福禄考属　耐寒性宿根草

花期：4—6 月　　　**光照**：阳光充足、短日照
株高：10~25 cm　　**水分**：适当湿润
特征：有条状纹的叶子很美丽，在花期之后还可以欣赏到色彩缤纷的叶子。气温下降的时候，条纹会带一点儿粉色。横向生长的爬藤福禄考其叶片和淡蓝色花朵搭配起来十分漂亮。

楼斗菜"巴洛"

毛茛科楼斗菜属　耐寒性宿根草

花期：5—6月　　　光照：阳光充足、短日照
株高：30~70 cm　　水分：适当湿润
特征：花瓣细小的花朵非常可爱。花茎伸长后花朵开始绽放，开出的花像是在空中飞舞一般。美丽的草姿值得玩味。

毛地黄钓钟柳"果壳红"

玄参科钓钟柳属　耐寒性宿根草

花期：5—6月　　　光照：阳光充足
株高：60~100 cm　　水分：适当湿润
特征：叶子稍微带有一点儿黑色。开花之前可以欣赏色彩缤纷的叶子。初夏开出的淡粉色花朵与多彩的叶子搭配十分漂亮。其生命力顽强，即使在温暖地带也不畏惧炎热的夏天。

剪秋罗

石竹科剪秋罗属　耐寒性宿根草

花期：5—7月　　　光照：阳光充足、短日照
株高：30~90 cm　　水分：适当湿润、略微干燥
特征：亮粉色花瓣有很深的裂。花开绚烂，花茎向上生长，将植株稍微整理一下就会变得很好看。其抗寒抗热性很好，生命力顽强，即使是飘散的种子也可以生长。

桂竹香"科茨沃尔德宝石"

十字花科桂竹香属　耐寒性宿根草

花期：3—7月　　　光照：阳光充足
株高：25~80 cm　　水分：适当湿润
特征：花朵开放时由最初的粉橙色变成淡紫色。常绿的叶子上带有浅黄色的条纹，在没有花朵开放的时候可以欣赏美丽的叶子。

用于装饰的宿根花草②

松果菊"椰子白"

菊科松果菊属　耐寒性宿根草

花期：5—10 月　　　**光照**：阳光充足
株高：50~70 cm　　**水分**：适当湿润
特征：重瓣（花瓣数层重叠开放）的松果菊，植株小巧，花开得绚烂。在夏季十分引人注目。其生命力顽强，几年种植一次即可。

松虫草"完美阿尔巴"

松虫草科蓝盆花属　耐寒性宿根草

花期：6—11 月　　　**光照**：阳光充足
株高：50~60 cm　　**水分**：适当湿润
特征：花茎笔直地向上生长，纯白色的小花汇集在一起构成大朵花，外形十分独特。从初夏开始反复开花，可以将春季和秋季的庭院景观连接起来，但要注意环境不要过于潮湿。

毛蕊花"罗赛塔"

玄参科毛蕊花属　耐寒性宿根草

花期：5—6 月　　　**光照**：阳光充足、短日照
株高：50~70 cm　　**水分**：适当湿润
特征：这是小型毛蕊花。株型纤细，即使在狭小的地方也可以生长。冬天时，扁平的叶子朝向地面生长。春天时，植株上长长的花穗开始绽放，花色柔和，容易与周围的花草搭配在一起。

山桃草"粉红棒棒糖"

柳叶菜科山桃草属　耐寒性宿根草

花期：6—11 月　　　**光照**：阳光充足
株高：20~40 cm　　**水分**：适当湿润
特征：这是山桃草中较矮的种类。其抗热性强，植株健壮。从初夏到秋天反复开花。每次开完花之后都要对其进行修剪，可以规范草姿。其植株小巧，种在花坛前，十分赏心悦目。

紫花洋地黄

玄参科毛地黄属　耐寒性宿根草

花期：5—6 月　　　　**光照**：阳光充足、短日照
株高：60~100 cm　　**水分**：适当湿润
特征：长长的花穗被称为"狐狸手套"，花期在初夏。将几株合在一起种下去，能突出其花姿，更显美观。即使是在短日照的环境也可以开得很好，在绿荫花园中很受欢迎。

百子莲

石蒜科百子莲属　耐寒性至半耐寒性宿根草

花期：6—7 月　　　　**光照**：阳光充足、短日照
株高：50~100 cm　　**水分**：适当湿润
特征：在阳光充足、短日照的环境下均可生长。抗寒性弱，在冬天会落掉一半叶子。在温暖的地方可以在庭院中抵御寒冬，每年都会开出美丽的淡蓝色花朵。

蓝花鼠尾草

唇形科鼠尾草属　耐寒性宿根草

花期：6—11 月　　　**光照**：阳光充足
株高：80~150 cm　　**水分**：适当湿润
特征：秋天开花的蓝花鼠尾草，可以开出淡蓝色的小花。因为其植株长得比较高，所以夏天到来前要进行几次修剪，使其变得娇小。冬天会落叶、枯萎。

紫蜀葵

锦葵科蜀葵属　耐寒性宿根草

花期：6—8 月　　　　**光照**：阳光充足
株高：80~120 cm　　**水分**：适当湿润
特征：花期在夏天，盛开时花穗十分漂亮。抗热性强，是夏季庭院的主要花朵。可以种在花坛后面，深色的花瓣给人一种沉稳而时尚的感觉。

3 让庭院装饰更加缤纷多彩的 **球根植物**

　　球根植物能为庭院增添季节感，使庭院鲜艳华美，还能轻松改变庭院整体风格。因为球根本身储存了生长必需的养分，有利于发芽和后期管理。

　　为了让秋季种植的球根植物更好地装点庭院，需要在其开花之前搭配可以开花的花草。郁金香等每年都需要重新种植的品种可搭配一年生草本植物，水仙等只需种植一次的品种则可搭配宿根花草。另外，确定庭院主题颜色后再进行搭配，能更好地表现球根植物。

以紫色为主题色的花坛。重瓣的酒红色紫罗兰上方浮现出白色混杂紫色的郁金香"燃烧的旗帜"。整体配色高雅，搭配的银叶白妙菊让花坛更加明快活泼。

想要营造花草丰富的感觉，就要集中种植

集中种植球根植物，能让花色和花形更加鲜明，突显个性。郁金香第二年花形会变小，应该将其作为一年性观赏花卉，植株间不留空隙，集中种植更具观赏性。一处可种植 10~20 棵。集中种植花形较大的品种可以营造出丰富的感觉，给人以华丽的印象。

郁金香 "新构思"
充满春天气息的粉红色花和白色包边的绿叶，营造出清新的效果。

在以秋季开花的三色堇和紫罗兰为主要花卉的花坛中，郁金香 "苏黛" 盛开时，景致艳丽华美。

郁金香"保罗舍勒"
若是增加一些极具个性的、接近黑色的花朵，庭院整体将呈现出沉稳大气的氛围。

主题色为红色。石阶左侧开放的是鹦鹉郁金香"洛可可"和白色包边郁金香"阿玛尼"，两者与其他花草搭配将此处打造成一个华贵的庭院角落。为了不过于花哨，可用麦冬、金红色叶片的珊瑚铃、葡匐筋骨草进行色彩调节，黑色紫罗兰则让整体风格更加雅致。

实践 🔨 打造丰富多彩的盆栽

在花盆中央集中种植球根，就能打造出一个丰富多彩的盆栽。如下图所示，在直径 45 cm 的花盆中集中种植风信子和紫罗兰。郁金香也很适合这样种植。

11月

在深口花盆中倒入约1/2的培养土，中间集中种植风信子（图片中为18棵）。

加入培养土，直到完全覆盖球根，在球根的正上方分开种植紫罗兰。

4月

风信子从紫罗兰的间隙中生长。若只种植单一品种的花卉，同时开花更具冲击感。

想要花朵更具观赏性，
种植时要留有一定间隔

　　种植球根时要留有一定间隔，让每朵花都有空间。栽培重点是球根植物与矮小的花草搭配种植，以增加层次感。以1~3种花草为单位，简单组合即可。种植时，在花草的盆栽苗之间插入球根，就能等间距种植。

郁金香"维利奇科"

粉色的花瓣中央带有绿色条纹。花瓣前端尖、反折，给人干练的印象。

奶油色"札幌"和清爽的黄色带绿边花瓣的"舞蹈演出"两种郁金香组合，下方混合种植了柠檬黄的紫罗兰和三色堇，整体营造出明亮活泼的气氛。

白与黑、明与暗的搭配，让花草组合充满节奏感。下方种植白色三色堇，郁金香仿佛漂浮在一片白色海洋中。白色花朵的郁金香"春绿"，花瓣上有绿色的细线，也被称为"绿色郁金香"。

想要打造自然氛围，就要随机种植球根植物

　　若想为庭院营造如同原野般自然的氛围，重点不是注意球根的位置，而是要随机种植。一次性种下大量球根，会收获一整片景致。若要搭配花草种植风信子或水仙等大型球根植物，则需在种植花草之前种植球根。搭配花期不同的球根和花草，这样各品种花卉竞相开放，观赏期将更加持久。

2月中旬，夏雪片莲最先开放，为早春庭院增添色彩。白色花朵清雅别致，淡雅的香味也充满吸引力。此时葡萄风信子也开始长叶子。

4月上旬，茂密的葡萄风信子延展开来，打造出如同蓝色地毯般的梦幻景致。5月时风铃草开放。

风信子"安娜斯塔西娅"
一棵球根可生长出 4 ~ 5 支花枝，是非常珍贵的品种，香味浓烈。

4月上旬

实践 🔧 随机种植球根

让我们来实践前面介绍的种植方法。秋季种植的球根植物，适合栽种的时间是 10 月中旬到 11 月。在庭院种植时，不需要基本的浇水和追肥。但若是过度干燥，则需要浇水。

（1）土壤加工

每平方米庭院的使用量	· 牛粪堆肥·············10 L · 腐叶土·············10 L · 苦土石灰·········200 g · 硅酸盐白土········200 g · 缓释肥料（基肥）···适量

● 培育好的球根
夏雪片莲······················40 个
风信子"安娜斯塔西娅"······20 个
葡萄风信子"艺术家"········40 个
● 要种植的花草
巴夏风铃草

1 深耕
用铁锹挖松庭院土地。

2 放入堆肥
向土中撒入牛粪堆肥和腐叶土。

3 加入石灰、基肥
添加苦土石灰、硅酸盐白土和缓释肥料，用铁锹充分搅拌。

（2）种植

1 平整土地
平整土地表面，种植时让球根和花草保持同一深度。

2 播撒球根
将大型球根（风信子和水仙）几个为一组抛滚式播撒。种植面积较大时，可放入桶中混合后再播撒。

3 植入球根
在球根停下的位置，用移植铲将撒下的球根依次植入土壤中。植入时要让发芽位置朝上，挖出球根高度 3 倍以上的深度种植。

4 放置花草
球根种植完成后，将风铃草的盆栽苗等间距放置，确定位置后种下。

5 追加小球根
最后种植葡萄风信子。同样随机配置。

6 放入小球根
种植葡萄风信子等小球根时，需注意不要损伤之前种下的大型球根，用手挖出约 5 cm 的深度种植。

PART 4

不需要花费功夫打理，可爱的小球根类植物

　　雪滴花、葡萄风信子和番红花等秋季种植的球根植物，比其他花草开花更早。与百合或郁金香等花形较大的球根植物相比，球根的尺寸和花朵都比较小，株高也相对矮小。

　　从小球根植物中挑选出耐寒的品种，种下之后不需要花费功夫打理，并且每年都会开花。与大型球根花卉相比，花形更可爱，更具吸引力。

完美组合！搭配铁筷子

　　宿根花草铁筷子，适宜生长在落叶树下这种秋季至冬季日照充足、盛夏半阴半阳的环境中。

　　大多数小球根植物在生长时喜好阳光。这两种植物花期重合，株高也很搭调，可以相互映衬出彼此的美丽。

　　小球根植物中春季最先开花的是让人联想到"雪水凝露"的雪滴花。与白色铁筷子搭配种植，纯白可爱的美丽花朵相映成趣。

雪滴花
铁筷子

雪光花
铁筷子

雪光花是自然生长于融雪高山上的小球根植物。将雪光花种植于稍稍垂下开放的铁筷子下方，正好能为其增添光彩。粉色系花朵让人感觉轻软温柔。

什么是小球根植物？
球根和花形较小，株高也较为矮小的球根植物的总称。

原本种植的
围裙水仙
铁筷子

花色鲜亮、花形独特的围裙水仙，与深紫色铁筷子、宿根紫罗兰搭配种植。穗花婆婆纳"佐治亚蓝"的蓝色小花高雅别致，让整体氛围更加爽朗。

要点

选择悦目的宿根花草

小球根植物花期较短，种植后至发芽前，以及花谢后，都没有地上部分。所以需要在此期间种植季节花草协调景致，且种植的花草要与球根植物一样只需种植一次。选择花期不同或彩叶的品种，可以让景观在一年四季都赏心悦目。

※ 推荐与小球根植物搭配的宿根植物
黑叶堇菜、荷包牡丹"金心"、穗花婆婆纳"佐治亚蓝"、黄水枝"春天交响曲"等。

葡萄风信子
"绿珍珠"
铁筷子

深紫色铁筷子与花瓣上有绿色条纹的葡萄风信子"绿珍珠"搭配。铁筷子下方的黑叶堇菜、穗花婆婆纳"佐治亚蓝"的小小花朵使葡萄风信子更加显眼。

同类小球根的组合

将小球根按照品种区分，缩小间隔大量种植，更具观赏性。若选择花期相同的品种组合，则要注意花色、花形、大小、株高的搭配。花形、株高不同的品种搭配种植，能凸显每个品种的个性。搭配株高相同的品种，则能使花朵密集开放，显得更加繁茂。另一方面，若选择花期不同的品种组合，则可以延长观赏期。

混合种植则整体混乱。

按品种区分种植则株型更加清晰。

浙贝母花
原种的郁金香"蓝瞳"

根据品种株高搭配，可以让植物根基部不单调，整体也更加协调。浙贝母纤细修长的线条因郁金香"蓝瞳"而更加显眼。

要点

配合颜色呈现

可爱的小球根植物的花色能让人感受到春天的气息。每一朵花都很小，所以需要确定主题色彩来营造整体感，也使景观更加丰盈。若要凸显植物个性，也可以用对比色。

空间主色调为浅蓝色系。虽然花色接近，但花形各不相同，组合也会变化。株高相同的花卉同时开放，显得景致热闹活泼。

雪光花
原有的郁金香

空间的主色调为粉色系。花朵的大小与形状不同，每种花的姿态都个性鲜明，纤长的郁金香格外引人注目。

浅蓝尖瓣花韭
葡萄风信子"德比夫人"

在狭小空间内种植

容纳不了盆栽苗的狭小空间或细长形空间，可以种些小球根，打造出生机勃勃的空间。虽然空间有限，但小球根精致的花朵更能吸引人们的视线。

（1）台阶间隙

台阶等斜坡地段可以一眼看尽整体空间。即使在容易遗漏的台阶间隙，小球根植物也能作为点缀，为空间增添亮丽色彩。

台阶间隙也充满意趣。

要点 👆

狭小空间的种植方法

① 营造自然氛围
小球根的花朵非常适合点缀小空间的景色。种植时不要排列得过于齐整，随机种植即可。

② 留出间隙
对于踏脚石接缝（裂缝）的间隙，不是简单地用球根填埋，而是夹杂宿根花草栽种，或者留出一定的空间，什么也不种植，这样庭院景色会更加自然。

（2）庭院死角

树木的根基附近、难以植入其他花草的庭院死角，都很适合栽种小球根植物。

种植在树下的葡萄风信子。

（3）门前通道附近

玄关前的通道或踏脚石沿线也是可以种植小球根植物的空间。人们行走时会向下看，所以配置植物时需要注意视线的动向。

种植在踏脚石间隙中的番红花。

与地被植物一同种植

小球根植物大多低矮，在选择搭配植物时也要下功夫。覆盖地面的地被植物多属于四季观赏型，若选择彩色叶片的品种，则更能凸显小球根植物。另外，地被植物中也有许多花朵美丽的品种，与之搭配，可以打造更加缤纷多彩的景致。

花与叶的色彩搭配案例

请注意小球根植物与地被植物的花色、叶色！
使用黄与蓝、红与绿等对比强烈的叶色进行搭配，可以获得鲜明而印象深刻的效果。

水仙等　　　黄　　　紫红　　　匍匐筋骨草　　　紫叶过路黄

紫红色叶子能凸显水仙等的黄色花朵，也具有主导花坛整体氛围的作用。
色彩对比极具个性，推荐在庭院重点位置使用。

葡萄风信子等　　　蓝　　　金　　　金叶过路黄　　　点腺过路黄

在某些地区冬季大部分花朵枯萎，花量减少，这时可以用黄金色的叶子增添明亮色彩。
葡萄风信子等的蓝色花为对比色，可以相互映衬。

原种郁金香等　　　红　　　绿　　　马蹄金"祖母绿"　　　花叶野芝麻

绿叶能凸显红色郁金香的艳丽。
若选择叶片带银色的品种，则更添高雅的感觉。

 制作发芽球根

若尚未确定种植球根的位置，或有剩余的球根，可用稍深的花盆培育，制作"发芽球根"。球根发芽后与花苗一样，可以移植到庭院的空余位置，生长开花。

1 确定盖土量
在盆底倒入土壤，确定小球根的种植位置（A）。然后，覆盖相当于半个球根至一个球根高度（B）的土壤。

2 配置球根
通常以1个球根为间隔距离配置。对于小球根或想要爆盆开花的情况，可以选择球根与球根紧挨的密度种植。

准备物品

- 球根
- 培养土
- 带孔花盆（稍深）

※ 球根喜好排水性好的土壤，因此可在培养土中加入10%～20%的腐叶土。

3 覆盖土壤
留下2~3cm的防溢水空间，覆盖土壤。然后浇水，直至有多余的水从盆底流出。

4 确认发芽
到春季，可以看到新芽长出，那么距离花朵开放也不远了。

种植要点

花盆的容量有限，考虑到球根根须的伸展空间，应选择较深的花盆。覆盖球根的土壤高度应该相当于半个球根至一个球根的高度。请结合花盆深度确定盖土量。

球根植物的栽培要点

球根植物的球根本身就储存了其生长发育必需的养分，不需要费力打理。但要注意种植时间要适宜。

种植时间：春种球根最佳种植时间为3月中旬至5月，夏种球根为7月中旬至8月中旬，秋种球根为10月中旬至11月。需要注意的是，若在气温高的9月上旬种植，球根可能会腐烂。

水分：表层土干燥时充分浇水。严禁断水或浇水过度。

肥料：基本上不需要施肥，但想要球根第二年也开花的话，应在花谢后施加含钾量高的有机肥，使球根强壮。

病虫害：注意因病毒感染引起的"花叶病"（花瓣或叶片上出现斑点）。注意清除病毒的媒介——蚜虫。

每年都开花的球根类花草

大丽花"达林夫人"
菊科大丽花属　半耐寒性球根植物

花期：5—11月　　　光照：向阳
株高：50~60 cm　　水分：适当湿润
特征：花量多的紧凑型品种，花朵大，从初夏开放至秋季。由于它不适应夏季的高温高湿，因此在初夏花谢后可对其进行剪枝，到了秋季，开出的花颜色鲜明，最为美丽。

美人蕉
美人蕉科美人蕉属　半耐寒性球根植物

花期：6—11月　　　光照：向阳
株高：50~150 cm　　水分：适当湿润
特征：在盛夏的炎炎烈日下依然可以盛开。大叶片和生机勃勃的花姿增强了季节感，是庭院的焦点。在温暖地区，美人蕉可以在室外过冬。

重瓣水仙"cumlaude"
石蒜科水仙属　耐寒性球根植物

花期：12月—次年4月　　光照：向阳
株高：15~40 cm　　　水分：适当湿润
特征：一经种植每年都能开花。非常适合搭配多年生宿根花草。适合种在小花或树下。白色与杏色的重瓣花绽放后如蝴蝶一般，个性十足且华丽。

木门百合
百合科百合属　耐寒性球根植物

花期：6—7月　　　光照：短日照
株高：80~120 cm　　水分：适当湿润
特征：柠檬黄色的花。别名"绝代双骄"。喜好短日照，宜种植于花坛深处，花大且极具观赏性。株型笔直。种植时需要深埋球根，并竖立支柱。

雪滴花

石蒜科雪滴花属　耐寒性球根植物

花期：1—3 月　　　　光照：向阳
株高：10~30 cm　　　水分：适当湿润
特征：花朵纤细小巧，几株集中种植能增加存在感。雪滴花是早春最早开花的花卉之一。

番红花

鸢尾科番红花属　耐寒性球根植物

花期：2—4 月　　　　光照：向阳
株高：10~20 cm　　　水分：适当湿润
特征：花形可爱，仿佛紧贴地面开放。早开品种，在秋冬季景色中非常引人注目。种植在小路旁等视线容易停留的位置，效果显著。

浙贝母花

百合科贝母属　耐寒性球根植物

花期：3—6 月　　　　光照：向阳
株高：30~60 cm　　　水分：适当湿润
特征：枝叶纤细修长，种植方便。花色为偏奶油色的浅绿色，可与各种植物搭配。一经种植后每年都能开放。

葡萄风信子"青花"

百合科蓝壶花属　耐寒性球根植物

花期：3—4 月　　　　光照：向阳、短日照
株高：10~15 cm　　　水分：适当湿润
特征：个性十足的花形和紧凑株型极具吸引力。可与水仙完美搭配。集中种植，花朵颜色和姿态更加鲜明美丽。

在炎热天气也可以茁壮生长，
独特的彩色叶类植物

　　叶片带有斑点花纹，呈银色、红棕色、金黄色等，以叶片之美而引人注意的植物，被称为"彩叶植物"。其叶片颜色、形状和图案都富于变化，甚至许多品种的叶子比花更具美感。彩叶植物除了一年生草本植物和宿根植物外，还有灌木和乔木。若在室内种植观叶植物，则一年四季都有不同的彩色景致。彩叶植物相较于花卉来说，种植简单方便，而且可延长观赏时间，极具吸引力。不同品种的彩叶植物其耐寒性、耐热性及喜好的光照条件各不相同，应该根据季节和场所选种不同品种的彩叶植物。

叶片纤长的新西兰麻和朱蕉的前方，种植着较为低矮的黑色牵牛花，其株型和花色与新西兰麻和朱蕉形成对比。

变叶木

叶片有赤、绿、黄等颜色，形状多种多样，个性十足，能够极好地表现热带环境。叶片具有如同反射日光般的光泽，很有质感。

在日照良好的场所，主要种植能接受日光直射的变叶木、锦紫苏。夏季花坛中美人蕉极为明显的花纹和彩叶锦紫苏，可以让黄色系色彩更加明亮鲜活。

橙色
×
黄色

彩叶植物也是盆栽中的重要角色。以中央高高竖立的千年木为中心，周围搭配了辣椒、通奶草和长春花。

不惧盛夏烈日，向阳而生的彩叶植物

　　锦紫苏和变叶木丝毫不害怕盛夏的强烈日照，可种植于日照充足的庭院。通过对锦紫苏反复摘心，可使其株型丰盈茂密。变叶木树叶繁茂，不需要多费功夫。橙色和黄色的搭配，与夏季十分契合。

用株型、质感各异的彩叶植物进行组合

夏季不受日光直射但依然明亮的背阴处，是观赏植物活跃的舞台。为展现叶片的个性，需要在考虑叶片特点的基础上进行组合。在相邻的位置配置叶片形状、株型和叶色不同的品种，可以充分展现每种植物的特色。半背阴处，选择种植更多的带斑点、银色、彩色条纹的品种，能让整体氛围更加明亮欢快。

在庭院一角，通过彩叶盆栽营造清凉感。盆栽的优点是可以根据日照进行移动。

红背耳叶马蓝的叶片呈紫红色，沿叶脉透出鲜绿色，喜半阴。搭配海芋或带斑点的八角金盘等叶形不同的植物，能呈现出不同的景致。

银色
白色

银叶和白花搭配种植，打造清凉感

以白色为主题色的庭院清秀而纯洁。银色叶片对庭院整体具有提亮效果。白色虽然也能展现清爽感，但它属于膨胀色，容易让人感觉不鲜明，这就需要在花和叶的形状上下功夫了。

以银色叶片的车矢菊为中心，搭配松果菊、一串红、通奶草等，形成了色彩统一的雪白花园。给人以清凉感，让人心情舒畅。

通奶草
耐暑热，会不断地开出白色小花，非常适合与彩叶植物搭配。

青葙
叶片是鲜艳的红棕色，高高耸立的花穗极具个性。多株集中种植，能增强效果。

用红棕叶片压制红色叶片与果实，营造出高雅精致的印象

虽然鲜艳的红色非常吸引人，但只使用红色会让人感觉有压力，或者过于艳丽。加入红棕色叶片的花草，在保持主题色的同时，还可以让景致更加沉稳。

红色
红棕色

以大而茂密的锦紫苏和狼尾草作为庭院的重点景致。红棕色叶片的青葙和秋海棠的花叶和谐统一。

活用背阴地

住宅附近的庭院多有因建筑、围墙或树木遮挡而产生的短日照地带和背阴地。这些地方不适合反复开花、喜好强日照的花草生长，若是种植，则不仅开花数量减少还易受到病虫害侵害。但是，我们不能因此而放弃在这里种植开花植物。选择耐阴花草，并添加观叶植物，也能在背阴地打造出宁静美丽的景色。由于这些地方日照短，因此应该注意排水，对于生长茂盛的植物要定期对其进行修剪，以保持通风，维持株型。

首先在庭院周围的建筑物上下功夫

不仅要选择合适的植物，还要将建筑物周围改造成明亮的空间，扩大可种植花草的范围。即使是背阴的庭院，将铺路石、围墙或建筑物的墙壁改成白色或明亮色调，也可以增强周围光线的反射，来提高庭院内的亮度。

将被常绿树笼罩的阴影中的墙面或柱子涂成白色或米色，可增强反射光，使庭院整体变得明亮。叶片个性十足且散布着美丽斑点的八角金盘也成了亮点。

铺设踏脚石的背阴花园。深处设置壁泉作为目光焦点。主要种植了雪球荚蒾花、白花溪荪、黄水枝等白色花朵的植物，令庭院整体显得更加明亮。

用在短日照地带
也能开花的植物和彩叶
植物为庭院增添色彩

　　从耐阴开花植物中，根据观赏方式挑选适合的品种。若只想欣赏季节性花卉，可选择紫斑风铃草或落新妇这样的宿根花草。若想打造华丽的景色，可选择凤仙花这样花期长的品种。另外，若加入了彩叶植物，就算开花较少也能营造鲜艳活泼的氛围，斑点叶片或金黄色叶片可以让庭院整体更加明亮。

高高扬起巨大花穗的落新妇是庭院景观重点。落新妇怕干燥，因此非常适合生长在没有阳光直射的短日照地带。后方的大型玉簪叶作为背景，明亮的叶片花纹突显了落新妇的花朵。

带斑点的绣球花"恋路之浜"或玉簪等是拥有美丽叶片的植物。观赏期更长。绣球花易打理且花朵美丽，是庭院种植不可或缺的花材。

珊瑚铃和黄水枝作为彩叶植物，其多彩的叶片和美丽的花朵是主要看点。高高耸立的花茎上盛开的小花也是看点之一。株型紧凑，可种植在狭小空间内。

根据亮度进行区分

亮度会因环境条件不同而发生变化。
按日照条件，可将庭院空间大致分为向阳、短日照、背阴三类。

向阳处	一天中一半以上时间受阳光直射的位置：南侧以及不受建筑或高墙遮挡的东西侧
短日照处	一天中有 2~3 小时受阳光直射的位置：建筑或围墙附近的东西侧
背阴处	几乎没有阳光直射的位置：建筑北侧

珊瑚铃 "焦糖"

虎耳草科矾根属　耐寒性宿根植物

观赏期：全年　　　**光照**：向阳、短日照
株高：30~80 cm　　**水分**：偏干燥
特征：叶片呈杏色，春季新芽为橙红色，非常漂亮。株型高大、强韧，露天种植也能茁壮生长，大型叶片会成为庭院景色的重点，使周围花草更加明亮。

黄水枝 "春天交响曲"

虎耳草科黄水枝属　耐寒性宿根植物

花期：4—5 月　　　**光照**：向阳、短日照
株高：25~40 cm　　**水分**：稍湿润
特征：带有黑色脉络的常绿叶片非常美丽，与花朵相映成趣。株型不会生长得过于高大，方便种植，露天种植时花量会一年比一年多。

虾膜花

爵床科老鼠簕属　耐寒性宿根植物

花期：5—8 月　　　**光照**：向阳、短日照
株高：30~120 cm　　**水分**：适当湿润
特征：齿状边缘的叶片大且宽，株型茂密。花穗伸出后，株高可超过 1 m，存在感极强，是庭院景致的视线焦点。若种植于寒冷地区，则冬季地上部分会枯死。

铁筷子

毛茛科铁筷子属　耐寒性宿根花草

花期：2—4 月　　　**光照**：短日照
株高：30~60 cm　　**水分**：适当湿润
特征：黑儿波杂交的产物，花色、花形及纹路富于变化且容易培植。不能忍受夏季的高温高湿，适宜生长在排水性良好的土壤中。种植时要注意排水以防止根部腐烂。

秋牡丹

毛茛科银莲花属　耐寒性宿根植物

花期：9—10 月　　　**光照**：向阳、短日照
株高：30~150 cm　　**水分**：偏湿润
特征：纤长的花茎上盛开出小花，让人感受到秋季的韵味。植株在其生长旺盛时会随地下茎伸展而不断延伸，因此当其进入其他植物的生长区域时需进行清理。冬季地上部分会枯死。

非洲凤仙

凤仙花科凤仙花属　非耐寒性宿根植物

花期：6—10 月　　　**光照**：向阳、短日照
株高：20~60 cm　　**水分**：适当湿润
特征：初夏至秋季反复开花，是短日照条件下亦能保持较长花期的珍贵品种。花朵重瓣，花形如玫瑰般华美艳丽。日照不足时花量减少、茎叶徒长。

荷包牡丹"金心"

罂粟科荷包牡丹属　耐寒性宿根植物

花期：4—6 月　　　**光照**：短日照
株高：40~60 cm　　**水分**：稍湿润
特征：青柠色叶片鲜嫩明亮。春季粉红色心形花朵成串开放。初夏花谢后，地上部分将枯死。植株生长茂盛，较为高大，是春季庭院的一抹亮色。

落新妇

虎耳草科落新妇属　耐寒性宿根植物

花期：5—7 月　　　**光照**：向阳、短日照
株高：40~100 cm　　**水分**：稍湿润
特征：开满了细密小花的饱满花穗是其看点。不喜干燥，夏季应避免西晒。锯齿形叶片同样具有观赏性。花谢后可留叶，使株型饱满茂盛。

既可以让庭院更美丽，
又可以抑制杂草生长的地被植物

覆盖地面的植物统称为"地被植物"。以株高较为低矮的植物为主，包括悬吊型植物、匍匐地面的蔓延型植物等。

种植地被植物通常以景观修饰为目的，用于遮挡土层裸露地带或影响风景的墙面。用植物覆盖地面，除修饰作用外，也可以解决土壤的干燥和反光、降雨造成的泥泞、杂草等问题。小型庭院中，存在许多如门前大道旁、小径沿线或花坛边缘等间隙，这些地方都可用来种植地被植物。让我们根据空间大小，搭配合适的花草，打造出不同的景色吧。

地被植物的挑选方法

选择生命力顽强且观赏期长的品种

由于种植的位置是一般花草难以生长的狭小间隙，所以要挑选生命力顽强、容易打理的品种。空间广阔时可选择悬吊型或横向蔓延型，空间狭小时，选择植株低矮、株型茂密紧凑的品种。蔓延型的品种可能会影响其他植物的生长，需要勤加修剪。

横向蔓延型：日日草、姬岩垂草、头花蓼、珍珠菜等。
茂密紧凑型：老鹳草、福禄考、柔毛羽衣草、飞蓬等。

挑选花与叶都具观赏性的品种

小庭院中，踏脚石或花坛边缘的间隙是重要的栽种位置。小径沿线或花坛前方是视线容易停留的地带。巧妙搭配整体景色或周围植物，挑选拥有美丽花叶的品种，会让庭院景色更有情趣。匍匐地面蔓延的植物开花时，很是华美。彩叶植物则更加绚丽缤纷。

美丽花叶型：匍匐筋骨草、穗花婆婆纳"佐治亚蓝"、白色匍茎通泉草、花叶野芝麻、宿根紫罗兰等。

选择要点

☐ 生命力顽强、能适应各种环境的品种
☐ 耐寒、耐热，种植后可多年生长的品种
☐ 茎叶紧密覆盖地表、株型优美的品种

穗花婆婆纳"佐治亚蓝"
无数清新舒畅的蓝色小花争相开放，
向四周蔓延。

迷你蔓柳穿鱼

株高 2~4 cm，生长缓慢，细小的叶片如同贴在地面一般，会开出浅紫色小花。

老鹳草

暗色的叶片美丽优雅，将其种植于庭院中，会使整体气氛沉稳低调。花色为白色。

茂密或是低矮，按照场所选择栽种的植物

小径或踏脚石周围是最能吸引人视线也是最能展现植物之美的地方之一。行走时，人的视线是不断移动的，因此花草的配置要多个品种重复使用，给人以规律变化的印象。而打破规律，随机配置花草的话，则会形成植物自然盛开的景象，花草也与庭院内的场景融为一体。踏脚石间隙这种可能会被人踩踏的地方，应种植姬岩垂草等耐踩踏、低矮齐整的品种。稍宽的小径，则选择种植枝叶茂密的品种。通过对比手法，赋予庭院景致生动感。

花坛的边缘处理是美化庭院的秘诀

花坛的边缘或边界是决定庭院印象的重要部分。若用砖块或石块分割花坛边缘，可以试着在石块间隙或砖块前种上地被植物。地被植物较为低矮，不会遮挡后方花草，匍匐蔓延型的开花品种能带来清爽感，而茂密丰盈的品种则以肆意蔓延的姿态，将花坛内外巧妙地联系起来。

不规则石块堆砌的花坛，有许多间隙，非常适合种植茂盛的地被植物（照片中为喜林草"黑便士"）。石块与花草融为一体，延伸出来的枝叶下垂缠绕，形成柔和的景色。

匍匐筋骨草

唇形科筋骨草属　耐寒性宿根植物

花期：4—5 月　　　　**光照**：短日照
株高：10~20 cm　　　**水分**：适当湿润
特征：红棕色或带斑点的彩叶非常漂亮，四季常青，可全年观赏。春季竖起的穗状花序很有看点。花谢后匍匐茎延伸长出新的植株，若蔓延过长则要对其进行修剪。

小蔓长春花

夹竹桃科蔓长春花属　耐寒性常绿灌木

花期：4—7 月　　　　**光照**：向阳、短日照
株高：蔓性　　　　　**水分**：适当湿润
特征：生长旺盛的蔓性植物，从与土壤接触的地方生根，迅速蔓延生长。叶片有斑纹，颜色鲜艳。春季开花，可供观赏。若种植于高大花坛（种植床），花枝垂下随风飘荡的景色极具观赏性。

花叶野芝麻

唇形科野芝麻属　耐寒性宿根植物

花期：5—6 月　　　　**光照**：短日照
株高：10~30 cm　　　**水分**：适当湿润
特征：叶片呈美丽的银色。春季至初夏开放的黄色花朵具有观赏性。夏季适宜生长在不受阳光直射的地带。生长旺盛，若蔓延过长则要对其进行修剪。

匍茎通泉草

玄参科通泉属　耐寒性宿根植物

花期：4—5 月　　　　**光照**：向阳、偏短日照
株高：10~15 cm　　　**水分**：稍湿润
特征：匍匐枝向四周延伸，纤细的茎叶生长茂密，形成草垫。耐踩踏，适合种植于踏脚石周围。春季开满白色花朵。

聚花过路黄"午夜阳光"

报春花科珍珠菜属　耐寒性宿根植物

花期：5—6月　　　　　光照：向阳

株高：5~10 cm（蔓性）　水分：适当湿润

特征：耐暑耐寒，生长旺盛，深色叶片非常漂亮。初夏开黄色的花，花叶颜色对比鲜明。暗沉低调的叶色能凸显花卉，适宜与美丽的花卉毗邻种植。

杂交老鹳草"约翰蓝"

牻牛儿苗科老鹳草属　耐寒性宿根植物

花期：4—5月　　　　　光照：向阳、短日照

株高：10~20 cm　　　　水分：稍湿润

特征：茎叶纤细柔软，横卧在地面上蔓延，春季开满蓝色小花。耐暑耐寒。花谢后需要剪枝，夏季能在不受阳光直射的地方存活。冬季叶片会变成红棕色。

头花蓼

蓼科蓼属　耐寒性宿根植物

花期：4—11月　　　　　光照：向阳

株高：50 cm（蔓性）　　水分：适当湿润

特征：生长旺盛，会不断蔓延伸展，需要定期修剪。初夏至秋季会开出如小糖果般粉嫩可爱的小花，观赏期较长。冬季霜降后落叶，温暖地区可在室外过冬。

黑叶堇菜

堇菜科堇菜属　耐寒性宿根植物（冬季常绿、半常绿品种）

花期：10月至次年5月　　光照：偏短日照

株高：10~30 cm　　　　水分：适当湿润

特征：近乎黑色的常绿叶片内敛优雅，浅紫色小花开放后更别致。耐暑热，从秋季至第二年初夏可反复开花。植株不会一直长高，而是横向蔓延生长。

处理庭院中繁茂生长的杂草的方法

　　违背庭院管理者的意愿而繁茂生长的植物，我们称为"杂草"。虽然其中有些也具有观赏价值，但其繁殖能力过强，甚至会阻碍其他植物的生长。事实上，草药和宿根植物中，也有生命力顽强、混合种植就可能影响周围植物生长的品种。薄荷类的植物就是代表之一。它们的地下茎生长旺盛，一旦落地生根就再难以除掉。

　　那么，如何做才能在不使用药物的条件下抑制杂草的繁殖呢？那就是要防止土层裸露，阻隔阳光。具体来说，可以铺设碎石或石砖或种植地被植物等。另外，还可以利用"防草布"等薄膜。预先铺好防草布，再在上面铺设碎石或石砖，这样做不仅能提高防草效果，还能防止碎石与土壤混合，保持庭院美观。让我们时刻警惕可能对庭院内植物造成不良影响的杂草，通过有效手段与之对抗吧。

为保持庭院美观，需要防止杂草生长

酢浆草

酢浆草科酢浆草属，多年生草本植物。株高：10~30 cm。花期：2—9月。绿色叶子由三片心形小叶组成，开黄色花。小巧可爱类似三叶草，但生长快、繁殖能力强，若放任不管将会长满整个庭院。其根系深入地底扩张，清除时要连根拔起。

乌蔹莓

葡萄科乌蔹莓属的蔓性植物。株高：2~3 m。花期：6—9月。生长旺盛，甚至会覆盖其他草木致其枯萎。常见于栅栏或墙面等处，若其攀附缠绕树木，会阻碍树木的光合作用，影响其生长。清除时要从地面开始顺着藤蔓斩断。

问荆

木贼科木贼属，蕨类植物。株高：20~40 cm。生长期：3—9月。喜好酸性土壤，干旱地区也能生长。根部延伸长达1 m，通过地下茎和孢子繁殖。生命力极强，放任不管将遍地丛生，需要极大的耐心从根部彻底清除。

蕺菜

三白草科蕺菜属，多年生草本植物。株高：15~40 cm。花期：5—7月。喜好稍稍湿润的背阴或光照时间较短的环境，在日照不足的后院等位置能迅速生长。气味强烈，是一种广为人知的草药（鱼腥草）。通过地下茎繁殖，需要用铁锹连根挖出清理。

早熟禾

禾本科早熟禾属，一、二年生草本植物。株高：5~20 cm。花期：3—11月。形似结缕草，但若生长于结缕草坪中仍能看出差异，它的加入会影响草坪的美观。花期长，清理的重点是在其结籽前仔细割除。

狗尾草

禾本科狗尾草属，一年生草本植物。株高：30~80 cm。花期：8—10月。日本人称其为"逗猫草"，一直以来都很受人喜爱。主要通过种子繁殖，因此在其花穗成熟前，也就是初春时清除是最有效的。地下根系较浅，稍微松动土壤即可拔除。

第四章

增加实用性和趣味性，
彰显小庭院的魅力

庭院焦点——花坛的种类和打造方法

在庭院醒目的地方设置小型花坛，将其打造成庭院景致的焦点。花坛是用砖头和石头等砌成的，会让平面感的庭院更显层次。建花坛、修小路，将庭院的空间分隔开之后，开辟花草的种植带。这样小路和露台等开拓过的空间显现出来，庭院作业也更容易。

花坛的风格大致可以分为法式"正统样式"和英式"自然风景样式"。前者指的是按照几何学图案的样子，左右对称地进行配置的规范设计。这种风格适用于宽阔的庭院，而在很小的庭院中也可以使用在玄关和小路两旁放上同样的容器等做法。后者指的是不需要明确的分界，将植物无规则地搭配起来，重视与自然环境协调的设计。

不论何种庭院都适用的花坛材料

第一次制作花坛面积很重要。如果太大，需要的材料很多，体力和经济上的负担都会很大。花坛的大小最好控制在 1 m^2 左右，深度大概是伸手可及的 80 cm，这样就可以比较轻松地完成。用于制作花坛外框的材料，有形状规范的花坛装饰砖块，各种颜色和大小的砖头，以及天然石材等。自己制作花坛的时候，请准备以下材料。

仿古砖

砖头的大小和价格都比较适中。其中就像是长期使用过一样边角都变圆的砖头，更具自然风格，更易与周围的景致融合在一起，魅力更独特。如果是要砌两层以上的话，那么要用灰浆将其固定。

科茨沃尔德石

英国的科茨沃尔德出产的天然石材。因为是手工开采，所以这种材料大小和形状参差不齐。即使不用灰浆将其固定起来，也可以做出很有格调的花坛。它除了用于制作花坛，也可用于铺路、砌围墙、铺台阶等。

骰子形石材

将花岗岩等加工之后铺路用的石材。主要为边长 90 mm 的立方体，也有厚度为 45 mm 的被称为"半切"的石材。白色、粉色、红褐色等颜色都有。因为石材个头很小，所以很容易造出曲线。固定时必须要使用灰浆等黏合材料。

更适用于小庭院的花坛

在小庭院以及一些空间有限的场所里，推荐大家使用石块或砖块等材料来分出边界，使角落更引人注目。

（1）环形花坛

用较薄的石块将花草围起来，可以打造出一个轮廓清晰、外形清秀的花坛。如果用长石块的话，那么即使没有灰浆也可以通过深埋将其固定好。

将半切的骰子形石头用灰浆固定好，做出花坛。再用细小的石材描绘出柔美的曲线。

没有使用灰浆的花坛。

（2）高腰花坛种植床

在庭院平坦的地面上，用砖块、天然石材、枕木等围起来，打造出比地面高的栽种空间，这种花坛被称为种植床（raised-bed）。将地基做高，这样光照、排水、通风都会变好。除此之外，堆积整齐的石材也让花坛更具美感。

用较薄的科茨沃尔德石堆积起来的花坛。明亮的蜂蜜色石块衬托得植物更加美丽。

将丹波石的断面整齐排列而成的花坛。目之所及，给人留下十分清秀的印象。

实践 🛠 用小块燧石制作迷你花坛

　　用燧石的小碎石块制作的花坛，不论在什么地方，做成什么样的形状，都很有魅力。将参差不齐的碎石排好，从左右两边开始往上堆。即使是第一次做也可以做得很漂亮。

要准备的东西

- 燧石块（匹配花坛的宽度）
- 防草布（匹配花坛的大小）
- 三角锄头
- 笋板（平整土壤用的板子）
- 移植铲
- 铁桶
- 专用花土（营养土 + 腐叶土 + 鹿沼土）
- 复合肥料

燧石是什么？

燧石是沉积岩的一种。由于杂质的存在，颜色十分多变，有灰色、黑色、茶色、绿色、红色等，开采出的不规则形状的碎石，比起砖头来更不挑选场所，深色的碎石块与日式、西式的庭院都很搭配。

（1）制作花坛的边框 　将燧石块从左右两边开始整齐堆放。

1

剪好防草布

将防止杂草生长的薄布剪成 1 m² 左右的椭圆形。

2

布置安排

将防草布铺设在要打造花坛的位置上。

3

搭配组合起来

将石块的边角立起来，按照石块的大小将它们搭配组合起来。用石块将防草布的边缘部分遮盖起来。

4

固定

将小石块塞进缝隙，将所有石块固定好。

花坛框
完成啦！

（2）移植花草

用燧石块做好花坛外框之后，向其中加入土壤再种植花草。

1 加入专用花土

向花坛中加入专用花土，加到顶部石块的边缘。

2 加入基肥

将复合肥料作为基肥加入少许。

3 和营养土混合起来

用三角锄头将肥料和营养土混合起来。

4 将周围高高堆起

将中央的土壤高高堆起，然后在石块之间加满土壤。

5 将表面整平

将土壤表面打理平整后，移植用的种植床就完成了。

6 将育苗钵的幼苗原样摆起来看一下

将还在育苗钵里的幼苗摆起来想象一下种植后的画面。

7 移植

将幼苗移植到花坛里。

1个月之后

栽种可以在风中摇曳的植物，打造初夏时节的清爽花坛

在有一定高度的飞燕草的蓝色花朵中，添加纤细的蕾丝花白色花朵，再在植株根部附近种植较低的观叶类植物。清新的色调和花坛的石块风格相配合，打造出初夏时节的清爽花坛！

种植的植物

飞燕草北极光系列、法式薰衣草、松虫草、牛至"轮叶"、桂竹香"科茨沃尔德宝石"、夏白菊、纯黄野芝麻、紫花琉璃草"紫铃"和蕾丝花。

庭院的"表情"，庭院小道的效果和作用

小路是影响庭院整体印象很重要的一个构成要素，它可以打造出有深度的空间，还可以带来戏剧性的效果。这需要在搭配沙砾和植物，改变小路宽度等方面多下些功夫。另外，因为小路是每天都会经过的地方，所以必须要考虑到小路的坡度，尽可能地方便通行，这一点是很重要的。

如果使用枕木、铺路石和砖头等较长的材料，就很容易做成直线形和 L 形。但是，在小型庭院里又会出现尺寸过大的话种植后不易改变等问题。使用骰子形石块之类较小的材料就比较容易做成曲线。将各类石块分开整理，这样做虽然很花功夫，却可以做出一定深度，使小庭院看起来更宽阔。

此外，在小道的左右两边，以及石块之间的缝隙种植花草，可以营造出更加自然的氛围。

各种打造小路的材料和组合方式

将砖块、枕木等材料组合好，平铺出图案，就可以做出丰富多变的小路了。这里介绍 3 种组合方式。

枕木 + 沙砾 + 砖块

在枕木之间加入沙砾，将两者组合起来。一定要先铺好石砖，这样就可以更好地固定沙砾。沙砾的颜色要配合枕木选择茶色系的，这样搭配更自然。

枕木 + 骰子形石块 + 铺路石

将枕木不规则地摆放，在枕木缝隙中加入各种颜色的骰子形石块。另外，在边角的地方铺上铺路石作为点缀。再向骰子形石块的缝隙间加入沙砾，让庭院的小路显得更加丰富多彩。

木底板 + 树皮碎屑

这种组合方式可以让我们欣赏到像在森林中一样的自然色调，这种铺设方法可以用在露台和阳台等地。对生活在城市中的人们来说，踏在树皮碎屑上的感觉也是一种享受。

适合小路的栽种技巧

踏脚石构成的小路很柔和，空间上也给人一种宽阔感。

如果在小路两侧和台阶石头之间种植上花草的话，那么散步也会变得十分享受。种植时请选择不会影响步行的小型花草。

用长凳和小物件等进行点缀

若是沿着小路放置长凳、小物件以及稍大的容器等，会让人情不自禁地想要走过去。这也是为了让人可以欣赏到庭院各个角落的美景要花费的功夫之一。

台阶全部是用不规整的仿古砖铺出来的。在那些空隙的地方，喜林草、紫罗兰和香雪球的花像地毯一样开得十分旺盛。顺着台阶往上走，就可以到达长凳的位置了。

打造出每个季节都可以欣赏的沿路风景

沿着小路提前种植每个季节都有看点的植物，这样沿着小路行走的乐趣就会增加。即使是在寒冬，如果选择种植了抗寒性的常绿彩色叶子植物的话，也会给人色彩缤纷的感觉。

匍匐筋骨草的深色的常绿叶片十分漂亮，而且在春天开放的蓝色花穗也十分好看。

御影石的板状石块的缝隙之间，金叶过路黄长势很好，匍茎通泉草盛开的白花，给人明快的感觉。

科茨沃尔德石不仅可以用来铺路还可以当作浇水时的落脚处来使用。

科茨沃尔德石是什么？

在英国一个叫科茨沃尔德的地方所生产出来的砂岩。柔和的蜂蜜色和凹凸有致的表面，给人一种好像只有天然石头才能拥有的朴素感。

要准备的东西

- 科茨沃尔德石
- 小木槌
- 三角锄头
- 笄板

（1）铺石子路

用石头铺路的时候，不要铺成直线，可以根据步幅，将两侧铺成曲线。这样既方便走路，也给人一种与周围植物融为一体的自然感。

1 制作空间

移走部分花草，留出铺路的空间，整平地面。

2 临时放置石头

根据步幅临时放置石块。放置的时候注意相邻的石头不要有过大的高低差。

3 调整高度

用三角锄头画出石块的形状。然后拿开，根据石块的大小挖出土壤。

4 固定根基

挖出土壤后用笄板整平底部，再用小木槌夯实。

5 放入石块

重新放入石块。

6 将石块固定

连续不断地敲打石块周围进行固定。比较狭窄的地方可以使用手柄。

7 确认稳固性

脚踩石块，确认一下是否有晃动的情况。

8 完工阶段

再一次用小木槌敲打石块周围进行固定。

9 完成

完成之后，石块高出地面 4~5 cm。

（2）栽种地被植物

在踏脚石的周围，根据不同的环境选种不同的植物，然后选择习性类似的几种类型进行组合，可以制造出趣味十足的景致。如将高度较低横向扩张的植物（珍珠菜属、老鹳草属、蜡菊属等）与枝叶茂盛纵向生长的植物（龙面花属、柳穿鱼属、松虫草、花菱草属、马鞭草属等）组合，再活用彩叶植物，进行搭配。

幼苗的安置与种植
在踏脚石的周围布置花草的幼苗，并种植。

种植完成
种植完成后，营造出踏脚石已经与花坛融为一体的感觉。

之前

虽然开了很多花，但没什么变化的花坛。

新种植的植物
紫叶点腺过路黄、龙面花、柳穿鱼"ripple stone"、松虫草、生花菱草、黑叶老鹳草、马鞭草"青柠绿"和蜡菊。

之后

植物以外的 庭院用品使用方法

除植物外，灵活使用兼具实用性与设计性的庭院用品，可以创造出别具一格的庭院风景。例如，在庭院中放置成套的桌椅，就打造出一处室外餐厅；摆放长椅，就打造出一处既能欣赏美景，又能放松心情的空间。

庭院的大小决定可放置或不可放置的物品，庭院用品的种类丰富，大家可以根据自己的喜好和庭院大小进行选择。

鸟笼造型铁笼
放入常春藤等绿植，悬吊在树木或棚架上，会成为庭院焦点。

庭院用的立水栓
个性十足的立水栓成为庭院的重要点缀。

装饰摆件
对蔷薇拱门或庭院入口处进行装饰，营造协调感。

陶盆支架
白铁皮支架在收纳陶盆的同时，也具有装饰作用。

花园椅
在树下等位置摆放花园椅或长凳，可以让人在一片晴空下放松心情。若将椅子放置于庭院的焦点处，可以打造出绝妙的庭院景色。

以华丽的金链树为背景，使用复古庭院用品或杂物打造出展示角落，为庭院增添趣味。

混栽季节性花草，凸显庭院魅力

只需在庭院的重点位置，配置具有观赏性的盆栽或混栽季节性花草，就能凸显庭院魅力，甚至改变人们对庭院的整体印象。

使用盆栽，即使是玄关周围、阳台、露台等没有土壤的地方，或是其他难以进行庭院种植的地方，也能轻松混栽季节性花草，还方便移动。

为了展示混栽花草，首先要确定观赏位置，根据观赏位置选择合适的容器或植物。其次要考虑装饰方法，容器不同，花草的观赏方法及最终呈现的效果也不同。让我们挑选适合自家庭院的植物，以混栽的形式凸显庭院的魅力吧。

色彩丰富而富有吸引力的庭院。

挑选植物的方法和展示方式

种植庭院混栽盆栽，首先要确定观赏位置。然后结合观赏位置选择植物与容器，最终实现美观且与景致协调的效果。

挑选方法

赋予植物作用

要想植物组合协调，就要先了解植物花、叶的形状，色彩以及整体株型之后再选择。然后确定主题色，从作为主角的茂盛花草开始，依次选择凸显主角的配角花草、统一整体风格的小花、增添浓淡颜色的彩叶等，通过不同要素的组合，打造富于变化的盆栽。

选择花期长的品种

庭院的重点位置是人们关注的焦点，应该选择花期长、容易打理的品种。炎热的夏季选择热带花草或彩叶植物，冬季选择耐寒的花草，秋季可增加球根植物，春季则使用富于变化的混栽。气温较低的晚秋至早春期间花草生长缓慢，应密集种植，而植物生长旺盛的春季至秋季，应在植株间留有空余。

展示方式

打造庭院的焦点

在吸引人们视线的位置，如果选择放置大型容器，更能引人注意，加强点缀效果。对应周围的植被，混栽如果选择同色系搭配，则能轻松融入景色，如果选择相对色或颜色浓艳的配色植物，则会加强混栽植物的存在感。减少植物种类的简单混栽，远望也能成为目光焦点。

赋予花坛变化

推荐在花坛中使用容器盆栽。特别是在冬季，花坛中主要是低矮的三色堇或紫罗兰，整体平整，那么具有一定高度的盆栽，能成为花坛重点，也能使花坛整体有立体感。使用多个盆栽时，选择容器、植物形状或颜色类似的品种，这样容易统一搭配。

樱花草制作的迎宾盆栽

具有欢迎来宾的含义、装饰在大门或玄关处的混栽被称为"迎宾盆栽"。在冬季至次年春季时，开花植物较少，可使用株型可爱小巧、花朵缤纷多彩的樱花草，制作出点缀春天的迎宾盆栽。

黄色
Yellow

早春的花篮，黄色小花增添可爱感觉！

为了凸显樱花草，小花的选择尤为重要。用百脉根及百可花的叶片、淡黄色花朵营造出轻松的氛围，三叶草则使花篮整体感觉不至于过分甜美，以淡蓝色为点缀色，看上去会更加清爽。多品种混栽的花篮，表现出自然可爱的风格。5月花谢后，可将其取出，再移植其他盆栽。

栽种的植物

牛舌樱花草"金饰带"、洋水仙"悄悄话"（tete a tete）、黄晶菊、宿根五色菊（黄色）、葡萄风信子、金叶苔草、香堇菜、外毛百脉根"伯里姆斯通"、斑点百可花和三叶草。

绿色
Green

使用绿色渐变色调打造出层次感

使用碗状容器的盆栽具有欧式艺术风格。为展现青柠绿的樱花草，特意搭配出绿色渐变色调。前方使用清爽的百可花、银色系的野芝麻、柠檬绿樱花草，营造出水灵鲜嫩的气氛。添加耧斗菜，更加凸显樱花草的华美。各种花草高低不同，搭配出来之后颇有韵律感。

栽种的植物

樱花草"winty"、浙贝母、耧斗菜"巧克力战士"、风信子、虎耳草、斑点百可花、野芝麻、蜡菊、伞花麦秆菊和小白菊"金苔"。

为了延长混栽盆栽观赏期，可以在梅雨季节前，替换种植花期不同的花草。这里将介绍只需替换一次就可以使观赏期由早春延续至晚秋的"接力混栽"。

首先，考虑到长期观赏，需要从选择经典的花盆形状和确定植物主题色开始。

柔和明快！
预示春季到来的轻快装扮

主角是粉红色的宿根龙面花。浅紫色的松虫草和羽扇豆衬托主角，再加上黄色的小冠花共同表现出春天欢乐的氛围。龙面花的花蕊也是黄色，与小冠花非常协调。枝条由花盆伸出垂下的连钱草和蔓性的常春藤则体现出俏皮的感觉。

早春
种植后

6 月花谢，不起眼的尤加利和银叶金木菊肆意生长。替换种植前，要对整个混栽进行整理。

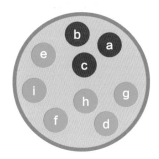

早春至初夏 容器尺寸：
3 月种植 直径约 33 cm，高约 26 cm。

a 尤加利"银水滴"

b 斑叶黄色小冠花

c 银叶金木菊 "飞利浦"

d 百里香

e 连钱草

f 宿根龙面花

h 羽扇豆"快乐小精灵"

i 松虫草"蓝气球"

初夏至晚秋的混栽，
不经意间的可爱

考虑到搭配的花草与长大后的尤加利之间的平衡，选种了有一定高度的千日红。横向蔓延的扇子花给人柔软的感觉，前方则配置小巧可爱的千日小铃。更换为可由初夏观赏至晚秋的混栽后，主题色变为粉红色，整体氛围焕然一新。

整体剪枝后，留下需要的植物，其他全部挖掉重新种植。补足花盆内土壤，为栽种新苗做准备。

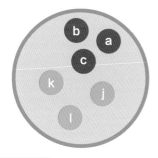

初夏至晚秋

6 月种植

j 千日红
k 扇子花
l 千日小铃

初夏
替换种植

● 任何季节皆可种植的植物
● 早春至初夏可种植的植物
● 初夏至晚秋可种植的植物

有用的庭院种植工具

对于庭院养护工作来说，每日的积累非常重要。选择使用方便的庭院种植工具，不仅可以减轻维护作业的负担，还可以享受庭院生活的乐趣。接下来介绍顺手又方便的庭院种植工具。

修枝锯

用于修剪树枝。中号的刀身长约 70 cm，刀刃微厚，小巧可折叠的款式比较方便使用。

园艺靴

园艺靴可以避免双脚被泥水弄脏。推荐橡胶长靴。

园艺手套

保护双手不被土弄脏或因植物的刺而受伤。推荐方便精细作业的轻薄型，以及手心部分有橡胶的防滑型。

园艺剪

修剪花梗、树枝等的各种园艺作业的万能剪刀。选择刀刃锋利的，使用后要拭去附着的脏东西，进行保养防止其生锈。

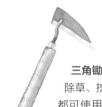

三角锄头（锹）

除草、挖土、替换种植等都可使用。可用于铁锹不能进入的狭小场所，或植物之间等小间隙处，非常方便。

加土铲

往花盆内加土或集中种植时需要往狭小区域加土时使用。与移植铲相比，土壤不易洒出，且效率更高。尺寸有大、小两种，可调整土量。

中型铁锹

金属制、需双手使用的铁锹。可用于小型花坛及狭窄空间内的土地改良等作业。

洒水壶

浇水时不可缺少的洒水壶。要选择可替换壶嘴，顶端为"斜面洒水口"的类型。容量大约 5 L 即可。

移植铲

可用于挖土、填土、种植植物。有铲部前端较宽和较尖的两种类型。选择手柄粗细合手，手柄与铲面连接牢固，且重量适合的类型。

桶

可运送土壤或水，盛放各类物品。带盖的款式还可当作板凳使用。容量 6~10 L 即可。

第五章

四季鲜花满满
反复开花的小庭院

不论什么时候都开满鲜花的庭院是每个人都向往的，但是大家肯定会觉得这样的庭院护理起来一定很费时间吧。其实只要注意"花草的组合搭配"和"移植时间"，就能欣赏到四季开满鲜花的美丽庭院了。

巧妙地将灌木、宿根花卉、一年生草本植物进行组合搭配，就如同一件衣服，不同搭配地穿一样。这是我珍藏多年的养护、种植方案。基本的操作是：一年进行 5 次移植，能熟练养护、管理 3 种类型的植物。让我们一起开始一年四季都花开满园的庭院生活吧。

由飞燕草和洋地黄等初夏开花的植物组合而成的
花坛最茂盛时期是很值得欣赏的。秋天开始移植的
根株还十分的坚实，到春天的时候就开出了很漂亮
的花朵。像蕾丝花和黑种草一样的小花朵也能被衬
托出来。

Spring
春天的庭院

Summer
夏天的庭院

耐热茁壮的花草会不间断地开花。蓝色系列能给人
留下一种比较柔和的印象。

Autumn
秋天的庭院

在蓝色系的花朵中加上橘色系的大丽花和鼠尾草，
使庭院色彩更加丰富，也给人留下一种秋意渐浓的
印象。

Winter
冬天的庭院

同时栽种从晚秋开始到春天长时间开的花，以及只在初夏开的花，
到了冬天，也会给冬天开花的一年生草本植物增添一些色彩。

一年 5 次移植的窍门

宿根花草和一年生花草的组合搭配

随着季节的变化而更换移植所有的花草，不仅费时费力还很费钱。但是如果种植"四季"都能存活的宿根花卉和灌木作为庭院景观基础，这样一来，就能减少移植草木的工作，也能减轻自身的负担。由于宿根花卉在一年之中开花时间比较短，因此可以用其他的一年生草本植物来填补。

"大移植"一年进行2次，在5月和11月

一年进行2次"大移植"，分别在初夏(5月)和秋季(11月)进行。从5月的初夏到秋季、11月的晚秋到来年的春季，各有半年的时间来组合搭配花草，这样既可以减少移植的范围，也能长时间享受种植花草的乐趣。选择耐热抗寒的品种也是非常关键的一点。

对于局部移植，可以根据需要在3月、7月、9月来进行

即使开花时间很短，但为了突出庭院的季节感，那些只在某个季节开花的花草也是必不可少的。如果选择花量大的品种并种在庭院比较显眼的地方，即使很少量也能很有效地改变庭院的整体印象。梅雨季过后可以在那些耐热的花草周围，再加上一些能够让人感受到秋季气息的花草。3月份的移植需要配合大范围种植的花草，尽早种植，能使植物更好地融入周围环境。

熟练养护、管理3种类型的植物

将花期不同的3种植物进行组合搭配，就可以打造出每个季节都有不同景色的庭院。要使庭院整体搭配合理，享受赏花的乐趣，就要做到：不要把各个种类的植物固定放在一处，而是把它们放在两三个地方；然后根据适合栽种的时期进行种植，不错过移植的时机这点是很重要的。植物的种植期请参考下页的表格。

（1）四季皆可种植
——抗寒耐热的灌木、宿根花卉

要选择耐热抗寒，一年四季都可以种植，生命力顽强的植物。宿根花卉，初期的时候虽然很小，但是会逐渐生长，由于大部分花的花期都比较短，因此还是要了解各种花的特点。植株较大的可以种在后方，与常绿类和落叶类搭配，可以自己想象长期种植之后草木的姿态变化，然后再设计布局。

紫锥菊

（2）初夏和秋季的大移植
——花期很长的一年生草本植物和可当作一年生草本植物的宿根花卉

要想一年四季都能赏花，关键是选择在酷暑和严寒时期都能持续开花的植物。从初夏到秋季或晚秋到来年春季开花的一年生草本植物、可当作一年生草本植物的宿根花卉，只要在适当的时期种植，培育出生命力顽强的植株，就能一年四季都赏花了。

松虫草

（3）点缀四季的局部移植
——季节交替的时候，购买开花的植株

如果全部选择花期很长的花草，庭院的季节感就会比较弱。季节交替的时候买入开花的植株，可以增强庭院的季节感。蓝目菊植株高、花量大，种植之能能马上享受到赏花的乐趣，长大之后也容易与周围的花草融合，推荐购买。根据各个季节的特点选择适合的颜色和花草的形态，也包括代替那些夏季和冬季会受到损伤的花草，小范围进行移植。

蓝目菊

推荐的反复开花类植物的花期列表

A 四季皆可种植

类型	编号	植物名	分类	株高（cm）
A1 常绿灌木、宿根花卉 观赏期 叶子：全年 花朵：春秋为主 栽植期 除了盛夏严冬之外的时间	a	迷迭香	灌木	20~200
	b	大花六道木	灌木	30~150
	c	意大利薰衣草、法国薰衣草	宿根花卉	20~80
	d	斑叶百里香	灌木	15~20
	e	穗华婆婆纳"阿兹台克金"	宿根花卉	10~15
	f	戟叶滨藜	灌木	50~100
	g	紫叶过路黄	宿根花卉	10~15

类型	编号	植物名	分类	株高（cm）
A2 落叶或常绿灌木、宿根花卉 开花期： 春季和秋季为主 栽植期： 除了盛夏严冬之外的时间	h	黄芦木	灌木	30~200
	i	白斑叶溲疏	灌木	30~200
	j	蔓性蔷薇	灌木	100~500
	k	树状蔷薇	灌木	40~250
	l	新风轮	宿根花卉	20~40
	m	松果菊"热木瓜"	宿根花卉	50~70
	n	藿香、紫色马丁尼	宿根花卉	30~50
	o	矮生马鞭草、北极星	宿根花卉	20~50
	p	钻蓝鼠尾草	宿根花卉	30~100

B 初夏和秋季置换的大范围移植

类型	编号	植物名	分类	株高（cm）
B1 初夏种植一年生草本植物和宿根花卉等 开花期： 主要在 5—11 月 种植期： 5—6 月	あ	狼尾草"烟花"	宿根花卉	30~80
	い	庭院大丽花	球根植物	50~100
	う	青葙"柔橘"	宿根花卉	15~25
	え	黑心金光菊"樱桃白兰地"	一年生草本植物	30~60
	お	喜旱莲子草	宿根花卉	10~30
	か	天使花（香彩雀）"天使之脸"	宿根花卉	30~80
	き	蝴蝶草杂交品种"紫铃"	宿根花卉	20~30
	く	五星花"夏季薰衣草"	宿根花卉	20~60
	け	通奶草	宿根花卉	30~40
	こ	猫须草	宿根花卉	40~60
	さ	白斑辣椒	宿根花卉	30~40
	し	辣椒"紫色闪电"	一年生草本植物	30~40
	す	大丽花"花星橙"	球根植物	15~30
	せ	一串红	一年生草本植物	30~45

类型	编号	植物名	分类	株高（cm）
B2 初夏种植一年生草本植物和宿根花卉等 开花期： 主要在 5—11 月 种植期： 5—6 月	そ	小麦秆菊	一年生草本植物	15~25
	た	宿根花卉五色菊（黄色）	宿根花卉	10~30
	ち	紫罗兰"peach jump-up"	多年生草本植物	10~30
	つ	紫罗兰"宝贝"	多年生草本植物	25~40
	て	银莲花"欧罗拉蓝"	宿根花卉	20~40
	と	金鱼草"twinny"	宿根花卉	20~40
	な	白蜀葵	宿根花卉	20~30
	に	三色堇"铜影"	一年生草本植物	10~30
	ぬ	紫罗兰"甜心鸡尾酒"	多年生草本植物	10~30
	ね	白妙菊"银花边"	宿根花卉	20~40
	の	金盏花	宿根花卉	40~50
	は	松虫草"蓝气球"	宿根花卉	15~30

类型	编号	植物名	分类	株高（cm）
B3 晚秋种植、初夏开花 一年生草本植物和宿根草等 开花期： 主要在 5—7 月 种植期： 10 月上旬—12 月上旬	ひ	飞燕草北极光系列	宿根花卉	100~200
	ふ	洋地黄"卡美洛"	宿根花卉	100~120
	へ	黑种草"非洲新娘"	一年生草本植物	40~60
	ほ	蕾丝花"传统之花"	一年生草本植物	60~100
	ま	郁金香	球根植物	30~70
	み	桂竹香"科茨沃尔德宝石"	宿根花卉	20~70
	む	蝇子草	一年生草本植物	10~15
	め	毛地黄钓钟柳	宿根花卉	40~60
	も	紫花珍珠菜"博若莱"	宿根花卉	20~40
	や	紫花柳穿鱼	宿根花卉	60~100

> 植物名旁所备注的编号（字母、日语平假名、日语片假名）是与之后的植物图鉴所相对应的。

C 点缀四季的小范围移植

类型	编号	植物名	分类	株高（cm）
C1 早春、开花株 开花期： 主要在 3—6 月 种植期： 3 月	ア	姬金鱼草	一年生草本植物	15~30
	イ	海石竹	宿根花卉	40~50
	ウ	薰衣草叶蓝目菊	宿根花卉	20~60
	エ	丛生花菱草	一年生草本植物	20~40
	オ	羽扇豆	一年生草本植物	20~40
	カ	摩洛哥雏菊	宿根花卉	30~40
	キ	龙面花	宿根花卉	20~30

类型	编号	植物名	分类	株高（cm）
C2 秋季、开花株	ク	条纹鼠尾草	宿根花卉	30~100
	ケ	鬼针草"黄金热"	宿根花卉	30~100
	コ	波斯菊"粉色流行"	一年生草本植物	30~80
	サ	龙面花"渐变紫"	宿根花卉	20~30

增加庭院植物的种类

3月份，随着气温上升，花草的生长繁殖也变得活跃起来，可以说是庭院花草种植的最佳季节了。季节性的开花植物、宿根草的小苗等，可以买到很多种。本节内容介绍的是从零开始种植的操作方法，在原有的庭院基础上开始种植的人，可以参考"秋季小范围移植"，移植替换部分植物。

从制作前院的土壤开始

如果之前种植过花草，应该先完成植物的清理。枯萎的植物要尽早拔除，清理地面的时候对空余的地方要做到心中有数，这样就能很快确定自己所需要的花草数量，每平方米 20~25 株即可。

完成所需花草的种植

如果是很快就能开花的开花株，那么再搭配种植宿根草即可，只要不间断地种植，庭院就不会显得很冷清。对于从小苗到开花时植株大小会发生很大变化的草本植物，种植时要计算好间距。如果想要利用这个间距的话，也可以再植入季节性的开花株。

改良土壤所需要的材料

堆肥是要结合土质来调节的。所需材料从左上开始分别为：鹿沼土、腐叶土、牛粪堆肥。左下开始分别为：石灰土、基肥、硅酸盐白土。

改良材料按照顺序均匀地播撒在花坛里，混入土壤中。

各类材料的作用

鹿沼土：改善土壤的透气性、排水性。

腐叶土：改善土壤的排水性。

牛粪堆肥：改善土壤使其变成适合微生物生存的土壤。

石灰土：调整土壤的酸碱度。

硅酸盐白土：防止植物根部腐坏。

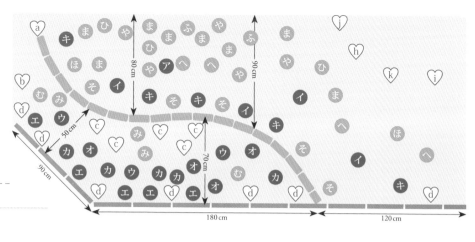

春季庭院栽植图

※ 植物名参照
第 109 页的表格

● **A 类型：**
一年四季皆可种植

● **B 类型：**
初夏和秋季进行大范围的移植

● **C 类型：**
各季节小范围移植

♡：**春天开始种植的花草**

3 月份种植的球根开花了

郁金香开花了。春季开花的球根植物同宿根草一样，能让人产生季节感。如果想找类似 B、C 类定期移植的植物，我推荐郁金香这种一年更换一次的球根植物。在类似 A 这样一年四季都可种植的植物周围，可以选种水仙这种不需要挖掘出来的球根植物。

5月上旬

5月中旬

替换飞燕草，把洋地黄衬托出来。围栏上的蔓蔷薇也值得观赏。

庭院渐渐花开满园

拥有坚实花穗的飞燕草很有存在感，它本身淡淡的紫色也给人留下一种柔和的印象。像洋地黄和海石竹等深粉色的花朵更能衬托出蕾丝花白色花朵的美丽。

（下页继续）

尽早种植适合夏季的花草，利于扎根

选择那些从初夏到秋季一直绽放、耐热性强的花草。到了夏季，开花植物的种类很多，在庭院增加一些彩叶植物，会使庭院更加色彩斑斓。在酷暑来临之前种植，有利于花草扎根，这也是它们能顺利度过酷暑的秘诀。

6月上旬

初夏花朵正常凋谢的时候，那些枯萎的一年生草本植物也很显眼。

拔除松动的花草

拔除不耐热的植物时尽量不要留下根部。同时观察根株的状态，那些已经枯萎的植物也可以一并处理掉。

加入改良材料补充养分

大约经过半年，为了补充养分和有机质，可以在土壤里加入腐叶和基肥。把土壤改良材料均匀地撒入土里，狭窄的地方可以使用三角锄头进行处理。

不耐热的植物可以用花盆来度过夏季

那些不适应高温多湿环境的花草，夏季容易休眠不开花。春天长得很茂盛的枝叶，到了夏天蒸腾作用加快，这时可以把长出来的枝叶全都修剪掉，减轻负担。然后把它拔出来装在花盆里移动到通风性较好、有半天时间背光的地方，这样可以使其轻松度过夏季。

这是正常开花结束的龙面花。不要切断根部，把它慢慢拔出来。

移植到花盆里，进行充分补水后放在通风较好的地方。

为了防止枝叶干枯而剪回原形

梅雨以及高温多湿的气候对植物来说很具考验性。对那些不适应潮热气候的花草，可以在进入梅雨季节前把它们的枝叶修剪掉，然后放在通风性较好的地方。为了减轻根部的负担，修剪时关键是要留下植物下部的叶子。

6月上旬

这是枝叶比较茂盛的百里香。虽然这样很漂亮，但是会影响枝叶的通风性，这也是枝叶干枯的原因。

着重修剪延伸出来的部分，剪掉整体的三分之一到一半。

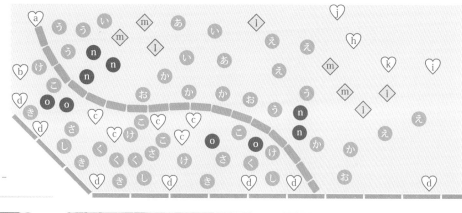

● **A 类型：**
一年四季皆可种植
● **B 类型：**
初夏和秋季进行大范围的移植
● **C 类型：**
各季节小范围移植

◇ ： **从夏天开始种植的花草**

铺平土壤

土壤表层凹凸不平会使水分不均衡，因此要把土壤表层铺平。利用木板来操作会很方便。

只留下所需要的植物，整理完成

已经做好种植前的准备。只留下耐热的植物，十分清爽。现在开始种植吧。

在放置小盆栽的同时，决定摆放布局

找出庭院里最为显眼的空间，从那些大叶片、花量多，且是庭院主角的植物开始配置。配置小盆栽时，种植后稍微退一点距离来确认整体的协调性。

这是种植之后的样子。夏季花草生长旺盛，要充分调整花草间的间距。可以选择拥有美丽彩色叶片的观赏辣椒进行装饰。

繁殖力旺盛的花草不知不觉会让庭院花开满园

不惧怕夏日的炎热，可以旺盛地生长。以紫色系花草为主体的话，庭院角落看上去会很清爽。使庭院整体看起来更加明亮的白色小花新风轮也是不可缺少的。

8月下旬

需要提前知道的 夏季对策

　　夏季，植物会因为气温的急剧变化而失去生长势头。尤其对于那些生长环境与原产地的气候相距甚远的植物来说，夏天就更难度过了。因此，需要对浇水、泄水、光照、温度、通风等进行确认，以帮助花草顺利战胜夏日酷暑。

（1）需要注意的浇水方法

重要的是时间点和给水的时机

浇水是十分重要的工作，可以轻松改变植物的状态。夏季的高温和强光使植株变得脆弱，吸水能力也大幅下降。浇水可以在上午 10 点之前进行，也可以在较为凉快的傍晚进行，这样有助于植物吸收水分。种植盆栽需要注意的是，白天浇水会使水升温，从而损伤根部，使根部枯萎。

确认方法 用手指轻触土壤表层，感到干松的时候就是灌水的时候。

对策　"干燥之后充分补水"是基本

浇水，并不是没有规矩可循的，基本是要先等土壤表面变干燥后再给根部充分补充水分。如果是庭院种植的话，土壤表层变得发白之后，用手摸摸看，觉得干爽的话，就该补水了。用浇水来控制土壤湿润度并不是通过一次给水的"量"来调节的，而是需要间隔一段时间后多次浇水完成的。

浇水最重要的是要使湿润和干燥度交替保持。那种只是把土壤表层弄湿的浇水方法，只会使土壤表层水分充足，也使植物的根系趋向于在地表延伸，致使植物的抗旱性变差。正确的浇水方法是通过反复不断地浇灌，使根部需要水分的深度不断延伸，从而变成耐旱性强的植物。

等土壤干燥之后再进行补水

使根部需要水分的深度不断延伸，从而变成耐旱性强的植物。

只使表面湿润的补水方法

扩张的根部只生存在水分充足的地表，这样容易使植物的抗旱性变差。

庭院种植

喷洒状出水，然后向植株的根部进行补水。过强的水花不仅会溅起泥土，还会损伤植物的根部，因此补水时要避免水压过大。

在日照较好的地方，水管里积攒的水温度较高。浇水前要先将水管里积攒的温水冲掉，用手确认水温之后再进行补水工作。

花盆种植

使用喷水壶的时候，需要摘掉喷口，直接给植物根部进行灌水。直到花盆底部流出水为止，这一点非常关键。

轻轻地抬高植物的茎叶，避免花朵和枝叶被水喷到。

（2）下功夫不让温度上升

对于植物来说也有适合其生存的温度

大部分植物适合生存的温度是 15 ~ 25℃。像温度持续在 30℃以上的夏季，强烈的直射光不断照射，会影响植物的繁殖。即使到了晚上，如果气温在 25℃以上的话，也会使植物枯萎。

对策 A	给枝叶补水降低温度

对植株整体进行补水，降低温度。白天给枝叶补水的话反而会使枝叶受到损伤，因此要避免此作业。傍晚进行该作业虽然有效果，但是要控制土壤的湿度，防止夜间植物徒长。

对策 B	洒水降低周围温度

在那些被混凝土围绕的阳台等容易蓄热的场所，洒水作业可有效降低环境温度。因为水分蒸发的时候，会吸收周围的热量，从而降低周围环境温度。

用喷头对枝叶的背部进行补水，植物温度下降的同时，还能预防红蜘蛛。

（3）盆栽种植只要稍微下功夫，就会出现惊人的效果，使植物恢复生机

种植盆栽的时候，在高温下进行补水是导致植物根部损伤和腐烂的根本原因，因此要尽量避免在高温日进行补水。而且花盆里的温度很容易受外部气温的影响，特别是当花盆的表面受到强光直射的时候，会使根部周围的温度骤然上升，致使根部受损。容易吸热的小花盆特别需要注意。通过以下的方法可以帮助盆栽抵抗酷暑。

花盆底托根据花盆的大小来准备。放置花盆的时候，要确保花盆和花盆之间留有一定的间隔，使枝叶不要互相触碰到，这样草姿也更漂亮。

对策	用花盆底托或木箱阻隔混凝土散发的热量

直接在混凝土上放置花盆的话，会遭受到强光的反射，也会受混凝土里储存热量的影响。使用花盆底托，使地面和花盆之间留出间隙，从而阻断盆底散发的热量。如此一来，通气性和排水性也会变好，对防御病虫害也有一定的效果。

托盘里的水不要存着，要及时倒掉。
为了防止花草缺水，提前在托盘里储存水，这种做法会使直射光直接照射在水面上，使水温上升，进而损伤盆底的根部。浇水时积留在托盘里的水，请马上倒掉吧。

托盘要经常保持空着的状态。

可以在木箱的底部放入瓦片，像杂货店陈列商品那样，自己简单制作一些可爱的花台。木材的导热性差，可以保护花盆不受高温影响。

（4）保护花草不受强烈日照的影响

夏日强烈的日照会引起枝叶灼伤

夏季的午后日照十分强烈，白天的气温也很高，容易引起枝叶灼伤。而且那些夕阳能照到的地方，从早上到傍晚长时间处于高温状态，导致晚上温度也很难下降。

> **什么是枝叶灼伤？**
> 枝叶灼伤是指枝叶和花茎因环境温度高或光照强烈而出现溃伤、枯萎等现象。

对策　从下午开始躲避强烈的日照

在地上种植的花草西侧铺上花格墙、苇帘子、遮光网等（遮光率在50%左右）。在抑制气温上升的同时，也能防止土壤干燥、减少补水的次数。盆栽的话，可以使用两重花盆，花盆和花盆之间放入湿润后的土壤，这样可以起到阻热的作用，花盆之间土壤中的水分在蒸发的时候也能吸收热量，从而降低温度。内侧的花盆没有受到直射光的影响，所以没有出现强烈的温差变化。

用苇帘子遮光

苇帘子可以遮挡部分光线。在苇帘子和植物之间要保持一定的距离，以确保通风性。

将盆栽移到树荫下

对那些不抗热的植物，到了下午的时候，把它们移动到直射光照射不到的东侧或者通风性较好的树荫底下。

用两重花盆来降温

把花盆放入比原有花盆大一圈的花盆里形成两重花盆。如果表层土壤干燥的话，外侧的土壤也要进行充分补水。

（5）剪回原形，对抗夏日倦怠症

悉心养护，培养成抵御酷暑的坚实根株

植物在高温环境下容易没有精神，再加上酷暑所带来的缺水、根枯萎、枝叶干枯等，也容易受病虫害的影响。要想克服酷暑，就要将"尽可能保持凉爽""不让植物感到疲惫"这两点铭记于心，从初夏就开始培养抗热的结实根株。

对策　缩小植株，更容易度过酷暑

初夏之后，花草枝叶开始变得结实茂盛，这个时候可以大胆地剪掉大片枝叶，一定要留下一些枝叶。如果枝叶很少的话，植物就不能很好地进行光合作用了，夏日倦怠的根株会变得更加脆弱，严重的话会造成植物枯萎。对那些到秋季一直开花的花草，到了8月中旬，把它们修剪回原形，大约一个月后又会重新开花，在秋季又可以欣赏到美丽的花朵了。

从初夏开始持续开花的花草，如果长得过长的话，会失去整体的协调性。

修剪到株高的1/3至1/2。在坚挺枝叶的嫩芽上方，伸入剪刀。

修剪完成。浇入适量的液肥以促进嫩芽的生长。

（6）改善成排水性较好的土壤

要十分注意那些会积水的庭院

夏日浇水次数很多，那种排水性能较好的土壤，可以预防植物根部腐化。因为夏季水分蒸发很快，土壤容易变干，因此可以不用在意土壤是否过于湿润，充分补水，从而降低地表温度。

对策 A 在排水性较好的土壤里加入硅酸盐白土

加入排水性能较好的腐叶土和园艺珍珠岩，如果再混入大约 10% 的硅酸盐白土，可以起到预防根腐化的作用。植物较为脆弱的时候，可以在 1L 水中加入 1g 硅酸盐白土进行溶解，然后再用喷水壶进行补水，效果也很好。

a 硅酸盐白土：是将矿物质丰富的白土干燥处理后形成的一种土壤。可以起到净化水质、预防根腐化的效果。

b 腐叶土：由落叶发酵成熟的一种土壤。使微生物与蚯蚓的功效活性化，能改善土壤的排水功能，提高肥料持久度。

c 园艺珍珠岩：珍珠岩经高温高压处理后形成的多孔石材。能改善土壤的排水功能。

对策 B 使用覆盖栽培法

在土壤表层进行覆盖栽培，可以抑制地表温度的上升，起到缓解土壤干燥的作用。此外还能抑制杂草丛生、防止雨水影响植物。种植盆栽的话，常用到的是小块树皮和水苔；对于面积较广的花坛，建议使用树皮堆肥。通过覆盖栽培法，可以达到锁紧根源的效果。

a 水苔：把湿地上生长出来的苔藓进行干燥所形成的一种物质。浸水后再使用。

b 小块树皮：建议用在一些小型的盆栽里。

c 树皮堆肥：由树皮发酵而成的土壤改良材料。吸湿性和排气性良好。

夏日的土壤非常容易干燥，浇水次数的增加会造成土壤中肥料成分的流失。特别是盆栽，最好一周施一次液肥。

为延缓土壤中水分的流失，把覆盖材料切成 1~2 cm 的厚度，然后在植物底下铺满。注意不要掩埋根部的茎叶。

Autumn
秋
季的点移植

尽早移植损伤的根株，增添季节感

夏末秋初时节，可以移植部分植物，增加季节交替的氛围。替换掉夏季被晒伤的植物，在保证花坛平衡感的前提下，种上秋季花草。

11月中旬

9月上旬 移植替换重点场所的植物

夏季过后花朵还很美丽。

拔除植物后确认空出的空间。

增加一些新的花草，可以选择枝叶较大的开花株进行种植，这样可以使新花草融入周围环境，更具观赏性。

决定移植的场所，把原来栽种的花草连根拔起。然后把这些花草移植到容器里或者别的地方。

在以紫色为主题色的角落里放入橙色系的植物，颜色对比鲜明，营造出一种崭新的氛围。如果想要追加颜色，整体应控制在两三种颜色，这样能给人清爽感。

改造成秋意浓厚的花坛
茂盛的狼尾草花穗能够突显季节感。整个角落大多都是小花搭配修长的草木，清新自然。

秋季庭院栽植图
※ 植物名参照 P109 页的表格

● **A 类型：**
一年四季皆可种植
● **B 类型：**
初夏和秋季进行大范围的移植
● **C 类型：**
各季节小范围移植

▲▲▲ : 秋季种植的花草

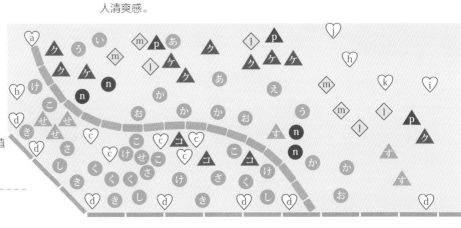

11月下旬

以耐寒的花草为主，为来年春季做准备

Late Autumn
晚秋
的大移植

重点选择那些从晚秋到来年春天长时间开花、耐寒性强的花草。这个时候也要种植初夏开花的宿根草。从秋天开始慢慢培育根株，使其结实，来年的初夏，就会长出好看的草木形态。

拔除凋谢、枯萎的花草，改良土壤，平整土地

拔除不耐寒的植物，装入花盆，将其放到温暖的地方过冬。在新植物移入之前，将剩下的常青植物简单地进行修剪并调整姿态。

这是花开之后，枯枝显现的新风轮。

留下根部的新芽，剪除其余部位。

只留下修剪整齐的新芽。这样，到了春天，新芽的位置仍然会很整齐，长出来的植物形态也会很平整。

修剪掉枯萎的部分，以紧凑的形态"越冬"

宿根草即使地上部分的枝叶已经枯萎，只要留下根部的新芽就可以越冬。到了春天，若想新芽萌发和欣赏到漂亮的草木姿态，就要在冬天把枯枝整理干净。

12月上旬

即使冬天也不萧条，充满生机的冬季庭院

种植完成，期待春天的到来。如果种植从晚秋到春天长时间开花的花草，那么冬天的庭院也会很有生机。

如果到了早春再进行小范围移植替换，那么会使庭院更有春天的感觉。

冬季庭院栽植图

※ 植物名参照
第 109 页的表格

● **A 类型:**
一年四季皆可种植
● **B 类型:**
初夏和秋季进行大范围的移植
● **C 类型:**
各季节小范围移植

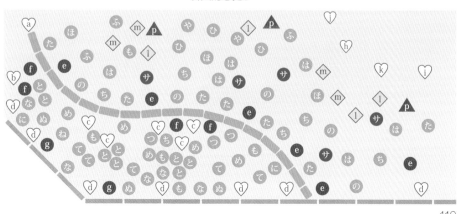

需要提前知道的 冬季对策

冬季庭院一般给人的印象是花朵较少，实际上耐寒性强、从晚秋到冬季甚至到来年春天都可以一直欣赏的花草，种类十分丰富。要想冬季庭院多姿多彩，冬季花草的选择与抗寒对策十分关键。

使冬季庭院多姿多彩的秘诀

从晚秋到冬季，上市的花苗有很多，为了让花朵尽早开花，要在温暖的温室里进行栽培。买入花苗之后，在不会受到寒霜侵蚀的屋檐下先进行一周的培植，等植物习惯了寒冷之后再移入庭院。最好早一点进行移植，在冬季来临之前使植物根系恢复健壮，形成抗寒性强的根株。

对策 A 耐寒性花草
→ 在冬季之前尽早种植

即使在 0℃ 以下的环境也能存活的花草，不惧怕严寒，不断开花，如果是日本关东以西地区，在庭院种植也能度过冬季。在真正的寒冬来临之前，也就是 12 月上旬之前就要进行种植了。由于冬季植物生长缓慢，只有早点种植，才能及时欣赏到花朵。

（例）三色堇、堇菜、紫罗兰、金盏花、菊花、金鱼草、芥属植物等。

对策 B 半耐寒性花草
→ 栽种在不会受到风霜侵蚀的地方

将那些只能承受 0℃ 环境的花草放在不会受到风霜侵蚀的屋檐下，即使在冬天也能欣赏到花朵。将花草种植在花盆中，到了晚上再移动到屋檐下，需在 11 月中旬完成种植。

（例）庭院仙客来、马齿苋、龙面花、报春花等。

对策 C 春季开花的球根植物
→ 大花花草使得庭院多姿多彩

春季开花的球根植物，可以在秋季买到带花苞的小苗。像银莲花和毛茛属等大花品种能给冬季的庭院增添色彩。在气温较低的环境中也能保持花开，可长时间观赏。在春季开花的郁金香的花期有将近一个月。

（例）银莲花、毛茛属、郁金香等。

需要经历寒冷的植物

大部分宿根草、二年生草本植物、秋季种植的球根植物都需要在一定时期内经历冬季的严寒（低温），才能促进花芽发育。如果不经历严寒，即使到了花期也不会开花。这个过程用园艺术语来说叫作春化作用。需要经历低温的植物有：飞燕草、洋地黄等。我们来看一下这些植物的原产地，大多是欧洲、西亚、北美等四季分明且冬季寒冷的地区。在这些地区生长的植物，耐寒性强，但很难克服高温多湿的气候，有些植物甚至连夏季都无法顺利度过。在这样的情况下，即使是宿根草，也要将其当作一年生草本植物来进行培育。

对于植物来说如果养分不够充足的话，会影响其生长。想要培育健康的植物使其开出美丽的花朵，就要懂得施肥。特别是植物需要量大，容易补给的，如氮、磷、钾。这三种元素被称作植物的三大营养要素，在普通的搭配肥料中一定会含有这些。它们各自的功效如下图所示。

施肥方法，考虑的是"基肥＋追肥"这种组合。基肥是指种植前需要施加的肥料，追肥是指根据植物的生长需要补充必要养分的肥料。春季也有针对休眠期植物施加的"寒肥"，这也是基肥的一种。施加基肥并不是为了马上出现令人期待的效果，可

以施加牛粪、油渣等富含有机质肥料为基础的缓释肥料，以及迟效性肥料。而施加追肥的目的是希望马上出效果，可以使用速效性肥料中的化成肥料和液体肥料。油料残渣制成的固体肥料，对基肥和追肥都适用。追肥有：初春时候能长出好嫩芽的"发芽肥料"；开花结果之后，饱含感激之心对其进行营养补给的"感谢肥料"；在盆栽土壤表面放置的"放置肥料"等。

肥料不可以过多和过少。最理想的是根据需求均衡有效地吸收。理解了肥料的成分和功效之后，根据目的来分别使用肥料吧。

肥料的三大要素

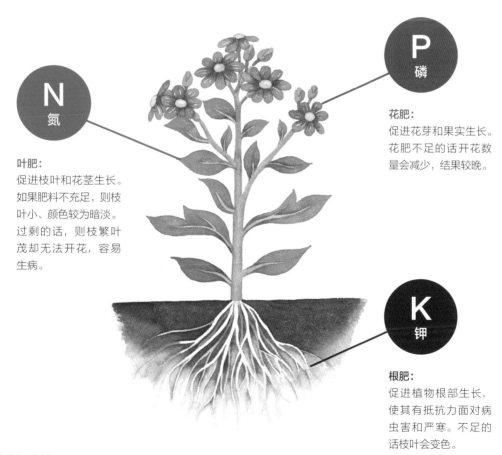

N 氮

叶肥：
促进枝叶和花茎生长。如果肥料不充足，则枝叶小、颜色较为暗淡。过剩的话，则枝繁叶茂却无法开花，容易生病。

P 磷

花肥：
促进花芽和果实生长。花肥不足的话开花数量会减少，结果较晚。

K 钾

根肥：
促进植物根部生长，使其有抵抗力面对病虫害和严寒。不足的话枝叶会变色。

上述的肥料成分通常按照
N ： P ： K ＝ 5 ： 3 ： 1
这个比例来搭配。

就相当于每 100g 的肥料中含有氮 5g、磷 3g、钾 1g。

黑心金光菊"樱桃白兰地"

菊科金光菊属　一年生草本植物

花期：5—10 月　　　光照：向阳、短日照
株高：30~60 cm　　水分：适当湿润
特征：酒红色的花朵给人一种时尚的感觉，是点缀夏季庭院常用的大花瓣花朵。不会过分艳丽，沉稳的花色和适当的株高适合在庭院种植。

秋海棠

秋海棠科秋海棠属　非耐寒性宿根花卉（一年生草本植物）

花期：4—11 月　　　光照：阳光充足、短日照
株高：15~40 cm　　水分：适当湿润
特征：重瓣花朵十分显眼。花朵呈小球状，给人一种小巧可爱的印象。枝叶也十分茂盛。酷暑时期最好将其放在能够避开太阳和太阳直射的场所。花期一直到晚秋。

辣椒"紫色闪电"

茄科辣椒属　非耐寒性一年生草本植物

花期：6—11 月　　　光照：阳光充足
株高：30~40 cm　　水分：微湿、适当湿润
特征：黑中带紫的叶子十分漂亮，在结出小圆形的果实之前可以当作彩叶植物来观赏。种在花盆里可以长得很茂盛。耐热性强，花朵枯萎后留下来的部分也不需要摘除，可以长时间观赏。

杂交蓝猪耳"凯特琳那蓝色之河"

玄参科蝴蝶草属　非耐寒性宿根草（一年生草本植物）

花期：4—10 月　　　光照：阳光充足、短日照
株高：20~30 cm　　水分：微湿
特征：枝叶十分茂盛，有很多分枝，分枝的各个节点也能开花。充分调节植株的间距后可以突显草的形态。即使在明亮的半日背阴处也能生长良好。及时清理花朵枯萎后留下的根茎，花朵就能不断绽放。

五星花"莱卡蓝"

茜草科五星花属　非耐寒性宿根草

花期：5—11月　　　**光照**：阳光充足
株高：20~60 cm　　**水分**：适当湿润
特征：花形饱满，重瓣花给人清爽感。如果枝叶伸展过长的话，要及时修剪，以预防枯枝。耐热性强，在夏季也能反复开花。

彩叶草

唇形花科鞘蕊花属　非耐寒性草本植物

花期：4—10月　　　**光照**：阳光充足、短日照
株高：30~70 cm　　**水分**：适当湿润
特征：夏季庭院不可缺少的彩叶植物。颜色醒目，即使在远处观赏也很显眼，给人鲜亮的印象。与其他种类花草组合搭配也很漂亮。幼苗期多次摘心会使枝叶饱满，株形更加美丽。

香彩雀"天使之脸"

玄参科香彩雀属　非耐寒性宿根草

花期：5—10月　　　**光照**：阳光充足
株高：30~80 cm　　**水分**：微湿
特征：在香彩雀当中算是花朵较大的种类，能给夏季的庭院增添色彩。喜好高温多湿环境，可以持续不断地开花。由于不断开花，因此要经常摘除花朵枯萎后留下的梗茎。

千日红"奥黛丽"

苋科千日红属　非耐寒性一年生草本植物

花期：6—10月　　　**光照**：阳光充足
株高：15~60 cm　　**水分**：适当湿润
特征：如果要在庭院里增加一种植物，那么可以选择花朵较为圆润的，易融入周围景观。千日红耐热性强，株高适中，具有分量感，很适合夏季庭院的补充种植。

三色堇

堇菜科堇菜属　耐寒性一、二年或多年生草本植物

花期：10月至次年5月　　**光照**：阳光充足、短日照
株高：10~30 cm　　　　**水分**：适当湿润
特征：冬季花坛不可缺少的植物。色彩斑斓，可以根据自身的
喜好进行色彩搭配。中间色也容易与其他颜色相组合搭配。秋
季种植扎根牢固，冬季会形成花束。

紫罗兰

十字花科紫罗兰属　耐寒性多年生草本植物

花期：1—4月、11—12月　　**光照**：阳光充足
株高：30~50 cm　　　　　**水分**：适当湿润
特征：银色的枝叶使花坛整体看上去较为明亮。比三色堇高，
容易与其他花草组合搭配。色彩丰富。由于分枝较多，建议花
谢之后尽早切除侧芽。

摩洛哥雏菊

菊科假匹菊属　耐寒性多年生草本植物

花期：10月至次年4月　　**光照**：阳光充足
株高：30~40 cm　　　　**水分**：适当湿润
特征：在银色的枝叶上竖立着长长的花茎，株形十分漂亮。若
在周围搭配一些低矮的植物，且多株一起种植的话，则更能突
显株形，更有层次。

屈曲花

十字花科屈曲花属　耐寒性宿根草本植物

花期：12月至次年5月　　**光照**：阳光充足
株高：20~30 cm　　　　**水分**：微干、适当湿润
特征：深绿色配着纯白色的小花，非常显眼。拱形的花团十分
茂盛。可以在花坛前方与其他植物进行混栽。

银叶菊"卷云"

菊科千里光属　耐寒性宿根草本植物

花期: 1—12 月	**光照**: 阳光充足
株高: 10~30 cm	**水分**: 适当湿润

特征: 银色枝叶搭配在花草之间会使整体看起来更清爽，同时也更突显花朵的颜色，使整体看上去更加鲜明。

金鱼草

车前科金鱼草属　耐寒性宿根草（一年生草本植物）

花期: 9 月至次年 6 月	**光照**: 阳光充足
株高: 30~60 cm	**水分**: 适当湿润

特征: 对于少有较高花草的冬季花坛来说，金鱼草的株高很难得，而且花色清爽，秋季种植的话，来年春天即可观赏。

小麦秆菊

菊科小麦秆菊属　半耐寒性一年生草本植物

花期: 2—5 月	**光照**: 阳光充足
株高: 15~25 cm	**水分**: 偏干燥

特征: 粗糙的质感独具魅力。从花骨朵时期长出来的粉色花萼具有观赏性。草形很饱满。开花结束之后再修剪成原来的形状。一般不和其他花草进行搭配。

羽衣甘蓝

十字花科芸薹属　耐寒性二年生草本植物

花期: 11 月至次年 4 月	**光照**: 阳光充足
株高: 10~40 cm	**水分**: 适当湿润

特征: 耐寒性强，可在冬季当作彩叶植物。小巧的外形如同小朵蔷薇般可爱。羽衣甘蓝在冬季形状也不会发生改变，密集种植长大之后会非常漂亮。

图书在版编目（CIP）数据

小而美的庭院. 自然风庭院 / (日) 天野麻理绘；
李莹萌译. –– 南京：江苏凤凰美术出版社，2020.11
（2022.1重印）
　ISBN 978-7-5580-7001-3

Ⅰ. ①小… Ⅱ. ①天… ②李… Ⅲ. ①庭院 – 园林植
物 – 观赏园艺 – 画册 Ⅳ. ①S68–64

中国版本图书馆CIP数据核字(2020)第196657号

ICHINENJU UTSUKUSHII TEMA IRA ZU NO CHIISANA NIWA ZUKURI
© Marie Amano 2014
Chinese translation rights in simplified characters arranged with IE-NO-HIKARI
ASSOCIATION
through Japan UNI Agency, Inc., Tokyo
江苏省版权局著作权合同登记 图字：10-2020-194 号

出版统筹　　王林军
策划编辑　　李雁超
责任编辑　　王左佐
助理编辑　　许逸灵
特邀编辑　　李雁超
装帧设计　　毛海力
责任监印　　唐　虎

书　　名　小而美的庭院　自然风庭院
著　　者　[日]天野麻理绘
译　　者　李莹萌
出版发行　江苏凤凰美术出版社（南京市湖南路1号　邮编：210009）
总 经 销　天津凤凰空间文化传媒有限公司
总经销网址　http://www.ifengspace.cn
印　　刷　雅迪云印（天津）科技有限公司
开　　本　787mm×1092mm　1/16
印　　张　8
版　　次　2020年11月第1版　2022年1月第2次印刷
标准书号　ISBN 978-7-5580-7001-3
定　　价　58.00元

营销部电话　025-68155790　营销部地址　南京市湖南路1号
江苏凤凰美术出版社图书凡印装错误可向承印厂调换